U0243612

现代果蔬花卉深加工与应用丛书

果蔬花卉干制技术与应用

李树和　　王梦怡　主编

GUOSHU HUAHUI GANZHI
JISHU YU YINGYONG

化学工业出版社

·北京·

内容简介

《果蔬花卉干制技术与应用》对我国果蔬花卉的产业现状及优质果蔬花卉的评价依据进行了系统和科学的介绍，重点阐述了：果蔬干制的原理、干制方法；果蔬产品干制场地设施、常用设备及器具，以及花卉干制原理、方法及设备等；果蔬花卉干制的原料基础，果蔬干制预处理及食品添加剂相关内容；干制品的包装与储存等及干制品的危害分析；蔬菜干制品加工实例；食用菌的干制加工实例；果品的干制实例；花卉的干制实例等内容。

本书适宜于从事果蔬花卉干制加工的企业人员以及相关专业的大中专院校师生和科研院所的相关专业技术人员阅读和参考。

图书在版编目（CIP）数据

果蔬花卉干制技术与应用 / 李树和，王梦怡主编.

北京：化学工业出版社，2025.3. --（现代果蔬花卉深加工与应用丛书）. -- ISBN 978-7-122-47267-0

Ⅰ. TS255.3

中国国家版本馆 CIP 数据核字第 2025Q8V215 号

责任编辑：张　艳　　　　　　　　文字编辑：林　丹　张春娥
责任校对：杜杏然　　　　　　　　装帧设计：王晓宇

出版发行：化学工业出版社（北京市东城区青年湖南街 13 号　邮政编码 100011）
印　　装：北京建宏印刷有限公司
710mm×1000mm　1/16　印张 11½　字数 197 千字　2025 年 3 月北京第 1 版第 1 次印刷

购书咨询：010-64518888　　　　　　售后服务：010-64518899
网　　址：http://www.cip.com.cn
凡购买本书，如有缺损质量问题，本社销售中心负责调换。

定　　价：79.00 元

"现代果蔬花卉深加工与应用丛书"
编委会

本书编写人员

主　　编：李树和　　王梦怡

编　　者（按姓氏笔画排列）：

　　　　王梦怡（天津农学院）

　　　　刘　红（天津天润益康科技环保有限公司）

　　　　刘宏久（北京康普森生物技术有限公司）

　　　　刘建波（天津农学院）

　　　　李树和（天津农学院）

前 言 FOREWORD

　　干制，又称干燥或脱水，即采取一定的手段蒸发果蔬花卉中水分的工艺过程。干制后的果干、脱水菜和干花，具有良好的保藏性，能较好地保持果蔬原有风味和花卉的美观。干制包括自然干制（如风干、晒干等）和人工干制（如烘干、热空气干燥、真空干燥等）两种方法。干制设备可简可繁，干制工艺容易掌握，干制成品体积小、重量轻、包装好、运输保存容易、食用方便，有利于果蔬花卉常年供应，对勘测、航海、旅行、军用等都有重要意义。

　　我国的食品干制历史悠久，果蔬花卉干制品如白菜、洋葱、胡萝卜、大蒜、菠菜、马铃薯、南瓜、木耳、香菇、辣椒、芒果、香蕉、苹果、梨、柿子、枣、菊花等，都是畅销国内外的传统特产。并且随着人们生活节奏的加快，人们对方便快捷食品的追求越来越高。而食品制成干制品便于携带、运输和储藏，也节省空间与运费。随着干制技术的快速提升，果蔬花卉干的营养与鲜品已非常接近。果蔬花卉干制前景广阔、潜力巨大。

　　本书为"现代果蔬花卉深加工与应用丛书"的一个分册。主要介绍了果蔬花卉干制技术原理、基本干制方法和常用的设备、器具等，干制原料选择以及多种果蔬花卉的干制实例等。全书共分八章：第一章系统和科学地阐述了我国果蔬花卉的产业现状及优质果蔬花卉的评价依据，由李树和编写；第二章介绍了果蔬干制的原理、干制方法、果蔬产品干制场地设施、常用设备及器具以及花卉干制原理、方法及设备等，由刘建波编写；第三章介绍了果蔬花卉干制的原料基础，果蔬干制预处理及食品添加剂相关内容，由刘红编写；第四章介绍了干制品的包装与储存等及干制品的危害分析，由李树和编写；第五章介绍了蔬菜干制品加工实例，由王梦怡编写；第六章介绍了食用菌的干制加工实例，由王梦怡编写；第七章介绍了果品的干制实例，由刘宏久编写；第八章介绍了花卉的干制实例，由刘建波编写。

　　本书内容翔实，图文并茂，实用性强，可为从事果蔬花卉干制加工的企业人员以及相关专业的大中专院校师生和科研院所的相关专业技术人员提供较为全面有价值的干制加工资料。

由于编者水平所限，书中难免有不足之处，恳请广大读者提出宝贵意见，在此表示衷心感谢。

李树和　王梦怡

2024 年 10 月于天津农学院

目 录 CONTENTS

06 第六章
食用菌的干制加工实例　　/ 112

08 Chapter
第八章
花卉的干制加工实例　　/ 158

第一章　绪论

一、我国果蔬产业现状

　　我国幅员辽阔，物产丰富，蔬菜、果品等的种植量与野生产品量均居世界首位。我国是世界上最大的蔬菜生产国和消费国之一。联合国粮农组织的一份统计显示，2017 年中国人均蔬菜消耗量达到 377 千克，高居全球第一。与此相比，韩国不到 200 千克，而美国、日本则在 100 千克左右徘徊。自 1988 年"菜篮子"工程提出以来，国家统计局数据显示，到 2020 年，全国已有 21485.48 千公顷菜地，蔬菜年产量达到 74912.90 万吨，居全球第一，且多年来一直保持贸易顺差，净出口呈持续上升态势。蔬菜生产季节性强，产品新鲜而易腐烂，储运困难，价格受市场波动影响很大，常常会出现"丰产歉收"的现象。

　　由于果蔬对其生长环境温度的敏感性，其分布的地域较为分散，如一些热带和亚热带水果大部分在华南地区进行种植。近年来果蔬的种植面积以及产量均有较大幅度的提高，但是国内相关领域的消费仍以鲜品为主，高附加值的再加工产品仍维持在较低水平，每年因腐烂损失的量占比高达 30%。

　　果蔬本身水分含量过高，不易储存运输。传统的果蔬贮藏一般是采用土窑洞、通风库、普通冷库等储存，设施简陋，方法原始，工艺也比较落后，保鲜处理相对较差。并且也很少进行商品化处理，致使果蔬贮藏时间短、品质差，果蔬外观、水分、营养成分、口感等均达不到保鲜的要求。目前，我国每年经过保鲜贮藏加工的果蔬比例较小，腐烂损失占到果蔬总产量的 20%～30%，叶菜类的损失甚至超过 30%。果蔬业的出路除了扩大种植，还在于深加工，可从根本上破解产业的增收难题。因此，促进果蔬再加工技术的发展是一个十分迫切的问题，不仅可以减小因腐烂造成的经济损失，同时也是国家对资源合理利用的政策要求，而干燥加工技术作为果蔬再加工领域内的重要技术组成，对其进行更加深入的干燥特性以及原理性的研究，可以为果蔬干制技术商业化应用提供理论基础，促进果蔬再加工行业的快速发展。

二、优质果蔬依据

（1）常见蔬菜优质质形态

优质蔬菜是指其品质好、形态美、营养成分符合商品卫生要求。商品安全卫生是指三项指标不超标：一是农药残留不超标，并且不含有禁用的高毒农药；二是硝酸盐含量不超标；三是工业排放的"三废"物质及有害病原微生物不超标。

马铃薯：又名土豆，优质品的颜色为淡黄色或奶白色，个大形正、大小整齐，表皮光滑，体硬不软，饱满，无泥土，无虫蛀和机械伤，不发芽不变绿。

洋葱：鳞片颜色粉白或紫白，鳞片肥厚，完整无损，抱合紧密，球茎干度适中，有一定硬度。

红薯：颜色粉红或淡黄色，依品种而定，个大形正，大小整齐，表面无伤，体硬不软、饱满。

生姜：姜块完整、结实，颜色淡黄，表皮完整，无损伤、不皱缩，姜体脆硬，不烂芽，肥大有姜味。

大蒜：颜色白色或紫色，蒜皮干燥，蒜瓣结实不散，有硬度。

胡萝卜：颜色为红色或橘黄色，表面光滑、条直匀称，粗壮、硬实不软、肉质甜脆、中心柱细小。

青萝卜：大小均匀，颜色青绿，皮薄且较细，肉质紧密，弹击有实心感；干净清洁，形体完整，水分大、分量重，无畸形，无细小根，无害虫，无腐烂，无断折断裂。

白萝卜：颜色洁白光亮，表面光滑、细腻，形体完整、分量重，底部切面洁白，水分大，肉嫩脆、味甜适中。

莴笋：茎皮光滑不开裂，无老根、无黄叶，无病虫害，不糠心、不烂芽。

芋头：颜色为红褐色，表皮粗糙，个体均匀适中，断面肉质洁白且有紫色斑点，不硬心。

沙葛：根形完整，无畸形，无细小根，无空心，无折断，无发霉，无缺口损伤。

莲藕：表皮颜色白中带黄，藕节肥大，无叉，水分充足，肉洁白脆嫩，藕节一般为3～4节。

茭白：叶颜色青绿、完整，茎粗壮、肉肥厚较嫩，颜色洁白或淡黄色，折之易断。

马蹄：个体饱满，无泥土，无空洞干枯，不起皱。

竹笋：笋壳淡黄色，有光泽，笋体粗壮、充实、饱满，肉质洁白较嫩，水分多。

萝卜苗、菜心等：鲜嫩、无老叶、无黄叶，根部切口新鲜，茎叶完整，无花斑黄叶，无腐烂现象。

普通叶菜：如上海青、菠菜、大白菜、油麦菜、奶白菜、芥菜等，鲜嫩，无枯黄叶，无花斑叶，无烂叶，叶茎完整，无裂口损伤，表面无泥土及其他杂物。

芹菜、蒜苗、西芹、芫荽等：青绿，株棵完整无折断，不干枯，无黄叶，无烂叶，无泥土。

葱：新鲜青绿，无枯焦烂叶，葱株均匀无折断，干净无泥。

韭菜：细长、叶淡绿，无烂叶，无杂叶，无枯黄。

韭黄：棵秆粗细均匀，色泽淡黄，有光泽感，无折断，无褐变腐败。

蒜薹（蒜苔）：青绿脆嫩，干爽无水，苔梗粗壮、均匀、柔软；基部不老化，薹苞小，不带叶鞘，无划薹，无折断。

生菜：叶片无损伤，最外层无枯萎叶，不得有水滴出，无烂叶，无虫眼，无腐烂及异常斑点。

百合：叶体完整，无腐烂，无损伤，切口新鲜、紧实、饱满、无异味。

花椰菜、西兰花：食用部分为密集成球状的花蕾，个体周正，花球坚实，无发乌、无褐变，无虫咬、无霉变。

韭菜花、黄花菜、南瓜花：食用部分为脆嫩的花茎或花瓣，水分充足，整体色泽鲜明，有脆性，无折断、无腐烂，茎部横断面无溃烂现象。

瓜类：如南瓜、冬瓜、丝瓜、黄瓜等，外观良好，表皮不损伤，个体整齐，色泽正常，瓜肉坚实，无裂口，无折断，瓜条上无病斑或烂斑。

茄子：皮亮有光泽，无破皮，茄身较硬有弹性，果萼有小刺。

番茄：着色均匀饱满，圆正，不破裂，无脐腐病，无压痕。

甜椒、辣椒：果实成熟，表面光滑、有光泽，无腐烂，无异味，蒂部新鲜不发黑，个体均匀，不发软皱缩。

豆类：如架豆、豌豆、荷兰豆、四季豆等，无虫蛀，手捏无干枯空洞，鲜嫩，手折易断，色泽鲜明，无损伤，无发软皱缩。

香菇：菌盖颜色褐色、有光泽，菌褶紧密细白，菌身完整无损，不湿，菌盖大、有弹性、柄短小、香味浓、重量轻。

平菇：菌为洁白色或浅黑色，菌身完整、大小均匀，菌盖与柄、菌环相连未展开，根短。

草菇：顶部颜色为鼠灰色，根部为乳白色，蛋形或卵圆形、饱满，菌膜未破、湿度适中。

金针菇：菌盖颜色乳白、菌柄淡黄色、根部淡褐色，菌身细短，挺直。

黑木耳：耳面黑褐色有光亮感，耳背暗黑色，无虫蛀，无霉烂。

银耳：干燥、色淡黄，肉厚整朵、圆形，无蒂头，无杂质。

芽菜类：如黄豆芽、绿豆芽，芽茎鲜嫩，色清洁白净，根呈白色，头呈淡黄，无折断，无变色变质。

海带、裙带菜：具有本品种特有清香味，无异味，不易断裂。

马齿苋、紫蕨菜：具有本品种特有质地和风味，无污染，无虫眼，无腐烂，茎部不折断。

（2）常见果品优质形态

果品常以色泽来分等级，"皮色泽好等级高，色泽差等级低"；也有按果品大小来分等级的，较大的为一级果，中等的为二级果，较小的为三级果，但这是不科学的，很多果品个头大，色泽好，但是口感以及营养价值并不一定好。优质果品可参考其卫生品质，看其是否有重金属以及农药污染；也可参考其营养品质，也就是果品的维生素、脂肪、纤维素、糖类、蛋白质以及各种矿物质的含量；还可参考果品的外观，果品的大小、形态和颜色以及口感等。

梨：如鸭梨、酥梨、沙梨、啤梨等，果形端正，大小均匀，无畸形果，带果柄，果面新鲜洁净，无划伤，无压痕，无病虫害，果身重，结实，口感爽甜。

苹果：如青苹果、嘎啦、秦冠、红富士、花牛等，具有本品种特有的外形，大小均匀，果面光滑有光泽，具有本品种应有的自然色泽，无斑点或极少果锈，不起皱，无裂口，无压痕或其他机械损伤和冻伤黑斑，果身重，硬朗，口感汁液饱满、无苦涩味，无木栓化组织。

柑类：如蜜柑、广柑、芦柑，果实大近似球形，无异状突起瘤，无病虫害所呈现的绿斑、黑斑，无霉烂，无机械伤，果面清新洁净，大小均匀，果实无萎蔫，色泽自然。

橘类：如红柑，果实小而扁，大小均匀，果面新鲜光洁无裂口，无机械伤，无病斑及腐烂现象，果蒂完整平齐，易剥落，橘络少。

橙类：如进口橙、脐橙、锦橙，大小均匀，皮光滑有光泽，手感重，无机械损伤，难剥离，果汁多，味可口，无萎蔫。

柚类：如沙田柚、平山柚，果实大，圆形或梨形，果皮厚达1厘米，难剥离，酸甜合适，大小均匀。

柠檬：色泽浅黄，果实椭圆或圆形，顶端有乳头状突起，肉汁极酸并有浓香，无任何机械损伤。

蕉类：如香蕉、芭蕉、皇帝蕉，果实丰满，果型端正，梳柄完整，不缺只口，单果均匀，色泽自然、光亮，皮色青黄，果面光滑，无病黑斑，无虫疤，无霉菌，无创伤，果肉稍硬，果皮可剥或易剥。

葡萄：具有本品种应具有的外形、色泽，果粒面完好，皮上无斑痕，果珠饱满，大小均匀，轻提果穗枝梗，微微抖动，果实不抖落或抖落极少。

桃：如毛桃、水蜜桃、蟠桃，具有本品种应有的外形及色泽，果形端正，果面无不正常斑点，无裂口及其他机械损伤，无腐烂，无病虫害，无药害，无破皮。

李：如黑布林、红布林，皮光滑有光泽，个形整齐均匀，无破皮，无皱缩，无压痕，不软塌。

西瓜：如黑美人、黄瓤瓜、无籽瓜，具有本品种应有的形状，果色清新光亮，条纹清晰，果皮无伤痕、无腐烂、无干疤、无虫眼、无病斑，果柄茸毛脱落，脐部凹陷，水分大，甜度高，切开后鲜艳有光泽，无异味及黑瓤。

哈密瓜：瓜形端正，呈椭圆或橄榄形。瓜身坚实微软，果皮无伤无腐烂，切口色泽鲜艳光润，香气浓郁。

香瓜：外形完整良好，新鲜洁净，果身坚实，果面无裂痕、腐烂、水分和病虫害。

白兰瓜：外形端正，绿色全部消退，阳面呈白色，着地处呈鲜黄，瓜面光滑细腻，手弹微有弹性，无任何损伤。

板栗：果粒个大、均匀、饱满，手捏时坚实不塌瘪，皮色呈红、褐色，具有光泽。果面无虫蛀，无风干，无腐烂破损，无裂口。

榴莲：色泽金黄或青中带黄，无霉斑、黑斑，无生虫，无裂口损伤，无腐烂软塌，果形饱满。

芒果：具有本品种应有的外形，外表光滑，有一定硬度，果实结实，无黑斑、灰斑，无冻害。

山竹：果柄及萼片呈青色，果面色泽深有光泽，果身微软，不坚硬；无汁液外渗，无病虫害及其他损伤。

火龙果：果面火红有光泽，叶片青，果实坚实，无腐烂、软塌、皱缩。

草莓：色泽鲜红、水灵，无烂斑，无病虫害及其他损伤，蒂部有青白色。

人参果：果身白或带紫色，有光泽，手感光滑硬朗，无虫蛀，无黑斑凹陷，无萎缩。

番石榴：果形、色泽良好，无裂果，无腐烂和病虫害，果身结实不软塌，无异常气味或滋味。

红枣：具有本品种应有的特征，大枣鲜红或深紫，小枣红中带黄，有光泽，果面清洁，无霉烂、病虫害及其他损伤，手捏紧实不黏，无霉味，无酒味，无腐败味及苦味。

核桃：果实个大，壳薄，果壳色明洁净、光滑，果壳无虫孔病疤，果仁饱满，味香甜，无异味和腐败味。

荔枝：果皮鲜红，稍带紫色，果肉透明、爽口、甜度适中，无裂果，无腐烂和病虫害等。

菠萝：外形完整良好，新鲜洁净，无异常气味或滋味。果身坚实，无潮湿溢汁、溢胶，无霜害，无日烧，无腐烂等。

枇杷：果实橙黄，新鲜洁净，有一定硬度，无裂果、腐烂及病虫害等。

椰子：果身重，果面无异常外部水分，无破裂。

桂圆：果色棕黄，果粒均匀，果身较平滑有光泽，果肉不粘手，易剥落，有韧性，无霉烂黑斑等。

三、我国花卉产业现状

我国花卉植物种质资源丰富，花文化源远流长、博大精深。我国被誉为"世界园林之母"。目前我国花卉的种植面积和产量均居世界第一位。

花卉是指以植物的花为主要劳动成果，或以观赏、美化、绿化、香化为主要用途的栽培植物，是农产品（园艺产品）的一部分。根据花卉的最终用途和生产特点，将花卉分为切花（切叶）、盆栽植物、观赏苗木、食用与药用花卉、工业及其他用途花卉、草坪及种子用花卉、种球用花卉和种苗用花卉等。随着人们健康环保意识的不断增强，"返璞归真，回归自然"成为时尚，花卉以其营养价值之高、之新颖备受人们瞩目。其中，特种花卉前景看好。

特种花卉主要有三种：一是食用花卉，包含菜肴、饮料和花茶。食用花卉无污染，口味纯正，具有滋润肌肤、美容养颜等功效。我国目前已开发的食用花卉有黄花菜等 100 多种，常见的约 50 种。二是药用花卉。很多花卉具有一定的药用价值，数量可达几百种。这些具有药用功能的花卉可开发成既能治病又能滋养的天然药品。三是香料花卉，如百里香、香茴芹、千层楼、香水草、柠檬罗勒等。未来，化妆品、医药等行业将以天然香型产品代替化学香料。随着人们生活水平的提高，已不再满足于传统食品，因此特菜开始走向人们的餐桌，新型的绿色食品——鲜花食品正在悄然兴起，为饮食文化增添新的内涵。

随着经济全球化分工的逐步深入，花卉生产由高成本的发达国家向低成本的发展中国家进一步转移，特别是在我国经济社会不断发展、花卉需求不断增加的新形势下，花卉生产面积大幅增长，但质量效益仍有待提高。

四、果蔬花卉加工的重要性

我国的果蔬花卉种植面积及其产量居世界首位，同时也是消费大国。时令果蔬花卉产量过剩，在采摘、运输、出售过程中腐烂变质的有相当大的一部分，造成农民增产但并未增收。这说明农产品的保鲜贮藏与加工技术的提升是当前急需解决的问题。而大部分果蔬花卉都可干制加工储存。并且随着人们生活节奏的加快，对食品的方便快捷的需求越来越高。而食品制成干制品便于携带、运输和储藏，也节省空间与运费。所以对果蔬花卉进行干制加工处理，既可促进农业结构的调整、优化居民的饮食结构、方便流通和消费，又可以增加农民收入，有利于调节不同时间、地点及环境下的食品供给和市场需求，从而提高人民的生活品质。

第二章　果蔬花卉产品干制技术

果蔬花卉的干燥或脱水统称为干制，所得产品则称之为干制食品。干制的作用不仅仅在于将果蔬和花卉中的水分减少，提高可溶性物质的浓度，从而降低水分活度到足以抑制微生物活动的程度，抑制果蔬花卉本身所含酶的活性，有利于产品长期保存，延长果蔬花卉产品的供给时间，平衡市场需求，降低果蔬花卉产品的自然消耗，还在于干制果蔬花卉产品质量减轻、体积变小，很大程度上节省了包装、储藏以及运输的费用，并且轻便有利于商品流通。许多的干制品经加工以及包装后有较长的常温保藏期，便于携带，所以是救援救急战备常用的资源。在该干制食品的安全储藏含水量以下，一定时期内微生物的活动和酶活性以及害虫等引起的质量下降可以忽略。

值得注意的是，采用冷冻干燥技术时，原有食品的大小和形状基本不受影响，有时运输货物的费用高低并不取决于货物的质量，而是取决于货物的体积，这时冷冻干燥食品的包装和运输费用并不比新鲜食品的低，但是相对于新鲜食品的优势是货架期长。

第一节　果蔬干制的原理与方法

一、果蔬干制概述

果蔬干制是指在自然条件或者人工控制条件下蒸发或者脱出一定量的水分而尽量保存果蔬原有的风味以及营养价值的方法，制品是果蔬干（脱水蔬菜或果片）。果蔬水分含量通常为70%～90%，有的甚至达到95%以上，而果蔬干制（又可称脱水）后，可使其含水量为脱水干制蔬菜下降5%～10%、脱水干制水果下降 14％～24％（靠漂烫可脱去小部分水分）。果蔬含水量降至足够低后，能使其内部的微生物和酶处于受抑制状态，可有效阻止微生物和活性酶的增长，推迟和延缓以水为媒介的腐烂变质。采用合理干燥技术脱水后的果蔬花卉可以保持其原有的色、香、味、形、质。同时果品干制后的体积为原物料的 20％～35％、质量约为原物料的 6％～20％，蔬菜干制后的体积为原物料的 10％左右、质量为原物料的 5％～10％。所以干制品又具有体积小、质量轻、易于储存等优点。

果蔬干制过程是一个复杂的物理化学变化过程，干制过程涉及将能量传递给果蔬，并促进果蔬物料中的水分向表面转移并排放到周围环境中，完成脱水干制。因此，研究干制果蔬花卉的物质特性，科学地选择干制方法和设备，控制最适合干制的条件，考虑能耗的前提下控制好湿热传递过程（避免结壳现象）是获得最佳质量干制品的核心问题。

二、物料干制原理

当物料表面水分的蒸汽压等于大气压时发生蒸发，这种现象在湿分的温度升高到沸点时发生。对于热敏性物料可通过降低干制（燥）时的操作压力（真空干燥）来降低蒸发的温度。如果压力降至三相点以下，则无液相存在，物料中的湿分被冻结，加热引起冰直接升华为水蒸气，即冷冻干制（燥）。

水分在物料中的结合形式影响其干燥过程的迁移方式（表 2-1）。干燥时，通常将物料分类为非吸湿材料、部分吸湿材料和吸湿材料。非吸湿材料为无孔或孔径大于 10^{-7} 米的多孔体，不含有结合（或束缚）水，材料中水的分压等于水的蒸汽压。部分吸湿材料包括大孔体，尽管也有结合水，但其蒸汽压力略低于自由水表面的蒸汽压。吸湿材料内主要为微孔体，含有结合水，在给定温度下其蒸汽压小于纯水的蒸汽压。在吸湿材料中，由于水含量降低，通过毛细管和孔隙的水分输送主要以气相方式进行。如果吸湿材料中的含水量超过吸湿含水量，它就含有非结合水，在除去非结合水分之前，它的干燥行为如同非吸湿材料。表面水也是一种非结合水，这是由于表面张力效应而在材料上形成的一层外部薄膜。

物料中的非结合水分可能处于连续状态（索状），或在离散颗粒周围和离散颗粒之间由于气泡散布而处于不连续状态（悬吊）。在索状形态下，液体通过毛细管作用向材料外表面运动；当水分被去除时，吸入的空气中断了液相的连续性而使得水分孤立（悬吊形态），毛细管流仅在局部尺度上是可能的。当材料接近绝干状态时，水分被保持为孔壁上的单层分子，主要以蒸汽流被除去。

表 2-1　物料中水分的结合形式及移动机理

水分的种类	作用力	水分移动机理	蒸汽压 p	材料示例
表面附着水	界面张力	蒸汽扩散	$p = p_w$	粗颗粒表面
毛细管水				
索状水	毛细管吸引力	液体移动	$p = p_w$ （孔径>100 纳米）	颗粒床层,多孔固体材料
悬吊水	界面张力	蒸汽扩散	$p < p_w$ （孔径<100 纳米）	
渗透水	渗透吸引力	液体移动 （收缩量=水分蒸发量）	$p = p_w$	极微细颗粒床层,滤渣,高含水率的黏土
吸附水	吸附力	蒸汽扩散 表面扩散	$p = p_w$	活性氧化铝,硅胶
结合水	亲和力	水分扩散	$p < p_w$	高分子溶液
溶液		水分扩散	$p < p_w$	有机物质溶液,盐溶液
冰		蒸汽扩散 （蒸汽流动）	$p = p_{ice}$	

注：p_w 为自由水的蒸汽压，p_{ice} 为冰的蒸汽压。

当对湿物料进行热力干燥时，热量传递至物料表面，使表面湿分蒸发，并以蒸汽形式从物料表面排除，此过程水分的蒸发速率取决于环境温度、压力、空气湿度和流速、接触面积等外部条件，所以此过程称为外部条件控制过程。在物料内部，湿分需传递到物料表面，随之再蒸发；物料内部湿分的迁移受物料特性（温度、湿含量、内部结构）的控制，此过程称为内部条件控制过程。对于介电干燥，在物料内部（有湿分处）产生热量，然后传至外表面，但表面水分的排除也受外部环境条件的影响。

1. 外部条件控制的干燥过程

在干燥过程中基本的外部变量为温度、湿度、空气的流速和方向、物料的物理形态、搅动状况，以及在干燥操作时干燥器的持料方法。外部干燥条件在干燥的初始阶段，即在排除非结合表面湿分时特别重要，因为物料表面的水分以蒸汽形式通过物料表面的气膜向周围扩散，这种传质过程伴随传热进行，故强化传热可加速干燥。但在某些情况下，应对干燥速率加以控制，例如瓷器和原木类物料在自由湿分排除后，从内部到表面产生很大的湿度梯度，过快的表面蒸发将导致显著的收缩，即过度干燥和过度收缩。这会在物料内部造成很高的应力，致使物料皲裂或弯曲。在这种情况下，应采用相对湿度较高的空气，既可以保持较高的干燥速率又可以防止出现质量缺陷。此外，根茎类蔬菜和水果切片如在外部条件控制的干燥过程中干燥过快，会形成表面结壳导致临界含水量的提高而不利于干燥全过程速率的提高。

2. 内部条件控制的干燥过程

在物料表面没有充足的自由水分时，热量传至湿物料后，物料就开始升温并在其内部形成温度梯度，使热量从外部传入内部，而湿分从物料内部向表面迁移，此过程的机理因物料结构特征而异，主要为扩散、毛细管流和由于干燥过程的收缩而产生的内部压力。从临界湿含量至物料的最终湿含量，内部湿分迁移成为控制因素，了解湿分的这种内部迁移是很重要的。一些外部可变量，如空气流量，通常会提高表面蒸发速率，但此时其重要性降低。如物料允许在较高的温度下停留较长的时间就有利于此过程的进行。这可使物料内部温度较高从而造成蒸汽压梯度，使湿分扩散到表面并同时使液体湿分迁移。对内部条件控制的干燥过程，其过程的强化手段有限，在允许的情况下减小物料的尺寸，可以有效降低湿分（或气体）的扩散阻力；施加振动、脉冲、超声波有利于内部水分的扩散；而微波提供的能量则可有效地使内部水分汽化，此时如辅以对流或抽真空则有利于水蒸气的排除。

3. 物料干燥特性

物料的干燥特性与采用的干燥方法有关，这种特性通常用湿含量和时间函数，即干燥曲线或干燥速率曲线表示。如图 2-1 所示，随着干燥过程的进行，物料湿含量逐渐减小（由右边向左边进行），湿物料干燥过程可大致分为三个干燥阶段。

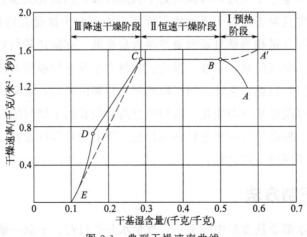

图 2-1　典型干燥速率曲线

A（A'）为预热阶段起点；B 为预热阶段与恒速阶段的临界点；C 为恒速阶段与降速阶段的临界点；

D 为第一降速阶段与第二降速阶段的临界点；E 为干燥的终点

阶段Ⅰ为湿物料的预热阶段。在干燥初期，物料的温度逐渐升高，直到达到干燥第Ⅱ阶段（恒速干燥阶段）时的温度。这个过程中，干燥速率也迅速增大，然后达到一个最大值。之后，干燥过程进入恒速干燥阶段，物料温度和干燥速率保持恒定，此时表面含有自由水分，当其完全汽化后，湿表面则从物料表面退缩，此时可能发生一些收缩。在此阶段，控制速率的是水蒸气穿过空气-湿分界面（气膜）的扩散，在此阶段的后期，湿分界面可能内移，湿分将从物料内部因毛细管力迁移到表面，而干燥速率仍可能为常数。当平均湿含量达到临界湿含量时，进一步干燥会使表面出现干点，由于以总的物料表面积来计算干燥速率，故干燥速率下降，虽然每单位湿物料表面的干燥速率仍为常数。这样就进入第Ⅲ干燥阶段（降速干燥阶段），即不饱和表面干燥阶段。此阶段进行到液体的表面液膜全部蒸发掉，这部分曲线为整个降速阶段的一部分。当进一步干燥时，由于内部和表面的湿度梯度，湿分通过物料扩散至表面然后排除，干燥速率受到限制。此时热量先传到表面，再向物料内部传递。由于干湿界面的深度逐渐增大，而外部干区的热导率非常小，故干燥速率受热传导的影响加大。但是，如果干物料具有相当高的密度和小的微孔空隙体积，则干燥受导热的影响就不那么严重，而是受物料内部相当高的扩散阻力影响，干燥速率受湿分从内部扩散到表面，然后由表面的传质所控制。在此阶段，某些由吸附而结合的湿分被排除，最后由于干燥降低了内部湿分的浓度，湿分的内部迁移速率降低，干燥速率下降比以前更快。在物料的湿含量降至与气相湿度相应的平衡值时，干燥就会停止。

在实践中，最初的原料可能具有很高的湿含量，而产品可能也要求较高的残留湿含量，那么整个干燥过程可能均处于恒速阶段。然而在大多数情况下，两种阶段均存在，并且对于难以干燥的物料而言，大部分干燥是在降速阶段进行的。如物料的初始湿含量相当低且要求最终湿含量极低，则降速阶段就很重要，干燥时间也会很长。空气流速、温度、湿度、物料大小及料层厚度对传热速率（也即对恒速干燥阶段）也都很重要。当扩散速率是控制因素时，在降速阶段，干燥速率会随物料层厚度的平方而变化，特别是当需要很长的干燥时间以获得低的湿含量时，用搅拌、振动等方法使湿粉料颗粒化，降低切片厚度或在穿流干燥器中采用薄层将有利于降速干燥过程。

三、果蔬干制方法

干制或脱水都是从食品中除去一定数量水分的过程。干制一般是指自然干燥（利用自然界能量），脱水一般是指人为控制除去食品中的水分（利用热风、蒸汽、真空、冻结等方法）。例如机械脱水法就是通过对物料加压的方式，将其中一部分水分挤出，常用的有压榨、沉降、过滤、离心分离等方法。机械脱水法只能除去物料中部分自由水分，结合水分仍残留在物料中，因此，物料经机械脱水后含水率仍然很高，一般为40％～60％。但机械脱水法是一种最为经济的方法。加热干燥法，也就是我们常说的干燥，它是利用热能加热物料，气化物料中的水分。除去物料中的水分需要消耗一定的热能。通常是利用空气来干燥物料，空气预先被加热送入干燥器，将热量传递给物料，气化物料中的水分，形成水蒸气，并随空气带出干燥器。物料经过加热干燥，能够除去物料中的结合水分，达到产品或原料所要求的含水率。化学除湿法，是利用吸湿剂除去气体、液体、固体物料中的少量水分，由于吸湿剂的除湿能力有限，仅用于除去物料中的微量水分，因此该方法在生产中应用很少。在实际生产过程中，对于高湿物料一般都是尽可能先用机械脱水法去除大量的自由水分，之后再采取其他干燥方式进行干燥。目前果蔬的干制品主要采取自然干制和人工干制的方法。

第二节　果蔬产品干制场地设施、常用设备及器具

一、自然干制

自然干制是利用太阳辐射热、热风等使果蔬花卉干燥。自然干制可以分为两种，一种是物料直接接受阳光的暴晒，称为晒干或者日光干制；另外一种是将物料放置于通风良好的室内、棚下，阴干或者晾干，这种利用物料中的水蒸气与空气中的水蒸气的气压差进行脱水干燥的方法，也可称为风干。

我国民间的干制方法，一般是选择空旷通风、地面平坦、干燥的地方，将果实直接铺于地上或在苇席、竹箔、晒盘上直接暴晒。夜间或下雨时，堆成堆，并盖上苇席等防雨设备。第二天再晒，直至晒干为止。也有经预处理后，直接铺在晒场晒干或挂在通风阴凉处风干。如金针菜，可选用充分发育但未开放的花蕾，用沸水或蒸汽烫漂，程度是花蕾蒸至半熟或近熟，时间为15～20分钟，摊晒2～3天，至含水量为15％～18％，干燥率为（3.5～5）:1。

自然干制法有许多优点，如自然干制设备简单，一般直接将物料放置在晒场，一般是放置在晒干工具上，如晒盘、晒帘上等；只需要一些必要的建筑物，如工作室、储藏室、包装室等；且方法简易，使用面广，处理量大，不需要特殊管理技术。简言之就是自然干制方法简单、管理粗放，生产成本低，比较经济，适合技术相对发展缓慢、自然环境好的地域。

自然干制同样也存在着不足之处，如需要人工定期翻动，比较麻烦；容易受

气候和地区的限制，如在干制季节遇雨尤其是阴雨连绵的天气，干燥过程延长，会降低干制品质量，甚至因阴雨时间长引起腐烂，造成损失，且很难将含水量降至15％以下；易受灰尘、杂质、昆虫等的污染和鸟类、啮齿动物的侵袭，既不卫生又有损耗；以及与人工干制法相比品质有所偏差。

因此，在自然干制过程中，要注意防雨和兽类损害，并注意清洁卫生，在晒制时不宜铺得过厚，要经常翻动原料，以加速干燥，当原料中的水分已大部分蒸发后，应作短时间的堆积使原料回软，让内部的水分向外转移，然后再晒，这样产品干燥得比较透彻。如果在晒制前进行熏硫、热烫可以缩短干燥时间，提高产品质量。干制后的产品进行包装，并贮藏在干燥的场所。

二、人工干制

为了在异常的气候条件下仍能及时干制，以免果蔬花卉腐败变质，在不断的实践中摸索出使用人工加热的干制方法。民间长期以来采用的烘、炒、焙等干制食品方法正是这样逐渐形成的。不过由于每批处理量并不大，不利于大规模生产。适宜大批量生产的干制方法于1875年才出现。最初是将片状蔬菜堆放在室内，通入40℃热空气进行干燥，这就是早期的热空气干燥方法。其后，随着科学和生产技术的不断发展，逐渐发展为工业化生产的规模。

人工干制在室内进行，不再受气候条件的限制，操作容易控制，干制时间大大缩短，产品质量显著提高，产品得率也有所提高，这是由于干制能及时阻止生化变化，使得糖分等类物质的损耗量减少。正因为如此，人工干制方法得到了迅速发展。

人工干制能缩短干燥时间，获得高质量的产品，有效地避免或减少了自然干制法存在的不足。按照热交换的方式和水分除去的方式不同，人工干制法可分为空气对流干燥、传导干燥、能量场作用下的干燥、混合干燥等。按照干燥设备的特征，分为箱式干燥、窖房式干燥、隧道式干燥、输送带式干燥（带式干燥）、滚筒干燥、流化床干燥、喷雾干燥、冷冻干燥等。按照干燥的连续性则可分为间歇（批次）干燥与连续干燥。按照干燥时空气的压力分为常压干燥、真空干燥等。此外还有利用红外线、远红外线、微波等作为能源，将热量传给物料的能量场作用下的干燥方法，如微波干燥、远红外线干燥等。

三、传统人工干制技术

烘灶是最简单的人工干制设备，干制果蔬时在灶中或者坑底生火，上方架木椽、铺席箔，原料铺在席箔上干燥。通过火力大小来控制干燥所用的温度。这种设施可以在地面上砌灶，也可以在地下挖坑。因其结构简单，生产成本低，在我国一些地区还在使用。但是这种设备生产力低，干燥速度慢，人工投入较多。

烤房的另外一种较为简单的设施是烘房。根据实际情况，烘房是我国广大农村果蔬集中地区比较可行的一种干燥设备，例如北方地区的红枣、辣椒和黄花菜等的干制就是在烘房进行人工干制。烘房的生产力较烘灶大大提高，干制速度较快，适用于大量生产，干制效果较好，设备简单、费用较低。烘房一般是简单的长方形土木结构，主要由烘房主体、加热升温设备、通风排湿装置和原物料装载设备等组成。

传统人工干制的一般流程如下：

（1）升温　人工干制要求在较短的时间内，采用适当的温度，通过通风排湿等操作管理，获得较高质量的产品。要达到这一目的，关键在于对不同种类的果蔬，分别采用不同的升温方式。一般可以归纳为以下三种：

① 在干制期间，烘房的温度初期为低温、中期为高温、后期为低温直至结束。这种升温方式适用于可溶性物质含量高的果蔬，是目前普遍采用的操作方法。

② 在整个干制期间，初期急剧升高烘房温度，最高可达95～100℃，原料进入烘房后吸收大量的热而使烘房降温，一般降低25～30℃，此时继续加大火力，使烘房升温至70℃，维持一段时间后，视产品干燥状态，逐步降温至烘干结束。这种使烘房温度由高至低的升温方式，适用于可溶性物质含量较低的果蔬，或切成薄片、细丝的果蔬，如黄花菜、辣椒、苹果、杏等。采用这种升温方式干制果蔬，烘制时间较短，成品质量优良。但该技术较难掌握，耗煤量较高，生产成本也相应增加。

③ 介于上述两者之间的升温方式，即在整个烘干期间，温度维持在55～60℃的恒定水平，直至烘干临近结束时再逐步降温。这种升温方式适用于大多数果蔬的干制，技术较易掌握，但成品品质差。

（2）通风排湿　果蔬干制时水分的大量蒸发，使烘房内相对湿度急剧上升，甚至可以达到饱和的程度，因此，必须加强烘房内的通风排湿工作。一般当烘房内相对湿度达到70%以上时，就要进行通风排湿。

（3）倒换烘盘　即使是设计良好、建筑合理的烘房，上部与下部、前部与后部的温差也要超过2～4℃。因此，靠近主火道和炉膛部位的烘盘里所装原料，较其他部位，特别是烘房中部的容易烘干，甚至会发生烘焦的情况。为了使成品干燥程度一致，尽可能地避免干湿不均匀状态，必须倒换烘盘。

（4）掌握干制时间　干制果蔬要烘至成品达到它的标准含水量才能结束，而后进入产品的回软、分级、包装及贮藏过程。何时结束烘干工作，取决于对产品所要求的干燥程度。

（5）所需热量及燃料用量的计算　原料每蒸发一个单位重量水分所需要的热量，因产品品种和含水量的差异以及烘房温度的不同而有所区别。

四、常见的干制设备

1. 箱式干燥设备

箱式干燥器是常压间歇干燥操作经常使用的典型设备，通常小型的称为烘箱、大型的称为烘房。整体呈密封式箱体结构，操作简单，适合小批量的果蔬物料干燥，工艺条件易控制。箱式干燥设备常见的有平流箱式干燥、穿流箱式干燥、真空接触式箱式干燥设备等，可以单机操作，也可以多机组合为多室式烘箱。它们是把物料放在托盘上，再置于多层框架上，热空气在风机的作用下流过物料，在将热量传给食品的同时带走水蒸气，使物料获得干燥。箱式干燥机的废气可循环使用，适当补充新鲜空气用以维持热风在干燥物料时的足够的除湿能力。箱式干燥机的优点是结构简单，制造容易，操作方便，适用范围广。由于物料在干燥过程中处于静止状态，所以该设备特别适用于不允许破碎的脆性物料。其缺点是间歇操作，干燥时间长，干燥不均匀，人工装卸料，劳动强度大。尽管如此，它仍是中小型企业普遍使用的一种干燥器。

2. 隧道式干燥设备

隧道式干燥设备实际是箱式干燥设备的扩大加长，是应用最广泛的一种生产规模较大的半连续式干燥设备，可持续不断地烘干，适用于各种大小形状的固态物料的干燥。这种干燥机外壳设计成狭长的隧道，隧道内铺设铁轨，用一系列的小车装载物料。工作程序是将物料放置在烘干车的烘盘上，烘干车沿着隧道通道向前移动进行干燥，进料和出料在隧道两端进行。隧道式干燥间一般长 12～18 米、宽约 1.8 米、高 1.8～2.0 米，一般可分为单隧道式、双隧道式和多层隧道式等几种。在干燥间的侧面有一个加热间，其内装有加热器和吹风机，推动热空气进入干燥间，使物料水分受热蒸发。湿空气一部分自排气孔排除，一部分回流到加热间得以利用。隧道式干燥介质可用热空气或烟道气，也可进行中间加热或者废气循环，气流速度一般为 2～3 米/秒。

隧道式干燥设备具有装料量大、运输设备在内停留时间长，处理量大，干燥时间较长，可间隔依次出料，产品成色稳定，投资小、操作简单的特点。一般采用逆流操作、顺流操作或者混合式操作（又称对流式干制）。主要用于果品、蔬菜等农副产品以及中药材、宠物食品等的烘干，因采用热空气对流加热方式，对产品无污染，完全符合食品安全标准。热空气可循环利用，热效率显著提高。烘盘可采用塑料网盘或不锈钢网盘，也可用木条、丝网、竹网、筛等，灵活方便。

隧道式干燥根据物料与气流接触的形式可分为逆流干燥、顺流干燥和混合式干燥。顺流隧道式干燥是在顺流隧道干燥室内，湿物料前进方向与空气流向一致，但物料表面水分蒸发迅速，湿物料内水分梯度过大，易造成硬化收缩，形成多孔，引起干裂。而且物料在出口端与低温高湿空气接触难以进行进一步干燥，所以该方法不适用于吸湿性较强的物料干制，而是较适用于要求干制品表面硬化、内部干裂形成多孔的食品干燥。逆流干燥与顺流干燥相反，在逆流干燥室内湿物料水分蒸发较慢，不易使物料造成收缩和干裂，脱水较均匀，物料在出口端与高温低湿空气接触有利于湿热传递，加速蒸发进一步干燥。这种方法适用于容易干裂的水果。混合干燥具备顺流和逆流的特点，生产能力强，干燥均匀，干燥品品质好。这种方法广泛用于果蔬干制。洋葱、大蒜等为避免异味外溢需要密闭系统设计设备。目前为了提高效能也有采用组合的多阶段隧道式干燥设备。

3. 输送带式干燥设备

输送带式干燥机是在隧道式干燥机的基础上发展起来的一种新的干燥设备。它的工作原理是将湿物料置于一层或多层连续运行的输送带上，用热风穿透网袋和物料来进行干燥。被干燥的物料铺在输送带上，在由电机和减速装置等组成的转动装置下的干燥机内实现预定的运动，依次经过干燥、隔离及冷却段。最常用的干燥介质是空气。为了使物料上下层脱水均匀，空气继上吹之后下吹。最后干燥产品经外界空气或其他低温介质直接冷却后由出料端落入收料器中。

输送带式干燥机是成批生产用的连续式干燥设备，用于透气性较好的片状、条状、颗粒状物料的干燥，对于蔬菜、催化剂、中药饮片等类含水率高而物料温度不允许高的物料尤为合适；用该系列干燥机干燥物料不受振动和冲击影响，破碎少，采用复合式或多层带式可使物料松动或翻转，改善物料通气性能，便于干燥，具有干燥速度快、蒸发强度高、产品质量好的优点；大部分空气循环使用，高度节省能源，独特的分风装置，使热风分布更加均匀，确保产品品质的一致性。使用带式干燥机可减轻装卸物料的劳动强度和费用，操作便于连续化、自动化，适于生产量大的单一产品干燥，如苹果、洋葱、胡萝卜、马铃薯和甘薯等，取代了隧道式干燥。另外，带式干燥机结构不复杂，安装方便，能长期运行，发生故障时可进入箱体内部检修，设备配置灵活，可使用网带冲洗系统及物料冷却系统。

输送带式干燥设备按输送带的层数多少可分为单层带型、复合型、多层带型；按空气通过输送带的方向可分为向下通风型、向上通风型和复合通风型输送带干燥设备。两段连续输送带式小食品干燥设备，第一段为逆流式干燥，第二段为多层交流式干燥。干燥设备内各区段的空气温度、相对湿度和流速可分别控制，有利于干制品的品质保持和获得最高产量。如果用两段连续输送带式干燥设备干燥果蔬，第一干燥阶段第一区段的空气温度控制在93～127℃，第二区段的温度控制在71～104℃；第二干燥阶段的温度控制在54～82℃。

4. 滚筒式干燥（传导式干燥）设备

滚筒干燥是将湿物料贴在加热表面滚筒上进行的干燥，属于传导干燥，其热的传递取决于温度梯度的存在。滚筒干燥机（又称转鼓干燥器、回转干燥机等）是一种接触式内加热传导型干燥机械，在干燥过程中，热量由滚筒的内壁传到其外壁，穿过附在滚筒外壁面上被干燥的薄薄的食品物料，把物料中的水分蒸发，它是一种连续式干燥的生产机械。滚筒干燥机的转筒是略带倾斜并能回转的圆筒体，湿物料从一端上部进入，干物料从另一端下部收集。热风从进料端或出料端进入，从另一端上部排出。筒内装有顺向抄板，使物料在筒体回转过程中不断抄起又洒下，充分与热气流接触，提高干燥效率的同时使物料向前移动。在传热过程中蒸发出的水分，视其性质可通过密闭罩引入到相应的处理装置内进行捕集粉尘或排放。干燥物料的热源一般为热空气、高温烟道气、水蒸气等。

滚筒干燥设备按滚筒的数量可分为单滚筒、双滚筒和多滚筒干燥机；按操作压力可分为常压式和真空式两种；按进物料方式可分为顶部进料、浸液式进料和喷溅式进料。无论是哪种类型的滚筒干燥设备，其运作模式基本是一致的。物料在滚筒转动中通过传热使其湿分汽化，滚筒在一个转动周期中完成布膜（均匀，膜厚为0.3～5毫米）、汽化、脱水等过程，干燥后的物料由刮刀刮下，经螺旋输送至成品贮存槽，最后进行粉碎或直接包装。

滚筒干燥适用于自由流动的粉状、颗粒状、片状、液体、浆状或者泥状物料的干燥（如香蕉泥、蔬菜浓汤、马铃薯片、马铃薯泥、脱脂乳、乳清、肉浆、婴儿食品等），尤其适用于黏稠食品的干燥。滚筒转动一周，待干燥物料中的干物质可从3%～30%（质量分数）增加到90%～98%，所用时间仅仅为2秒到几分钟。这种干燥的特点是结构简单，表面温度在120～150℃之间，干燥强度大，相应能量利用率较高，热效能大多在70%～80%。滚筒干燥处理能力强，燃料消耗少，干燥成本低。干燥机具有耐高温的特点，能够使用高温热风对物料进行快速干燥。滚筒干燥机的水分蒸发能力一般为30～80千克/（立方米·小时），该值随热风温度的提高而提高，并随物料的水分性质而变化。

由于供热方式便于控制，筒内温度和间壁的传热速率能保持相对稳定，使料膜处于传热状态下干燥，产品的质量能得到保证。但由于滚筒接触物料表面温度较高，对果汁类干燥应用有限。

影响滚筒干燥机干燥速率的因素主要有进料温度、料液高度、滚筒间隙、转速、蒸汽压力等。

5. 流化床干燥设备

流化床干燥是一种穿流式热风干燥，也可以说是悬浮式对流干燥，用于散粒物料或者均匀小块物料的干燥。其与气流干燥最大的区别是流化床干燥物料由多孔板承载。这种干燥方法干燥时将颗粒物料置于干燥床上，使空气以足够大的速度自下而上吹过干燥床，物料呈流化状态，即保持缓慢沸腾状，物料在流化状态下获得干燥。那么在连续加料的情况下，流化促使物料向干燥床出口方向上推移，形成连续操作状态。

流化床干燥的特征有：物料颗粒与热空气接触面较大，几乎全部颗粒表面都是干燥面，故颗粒与热空气充分接触，热效率较高，可达70%左右；可调节出口挡板高度，控制干燥物料层深度，物料床温度均匀，可任意调控颗粒在干燥床内的时间；设备设计简单，造价较低，维修方便。这种干燥方法对难以干燥或者要求产品含水量低的颗粒物料干燥比较适合，不适用于黏性或者结块的物料；由于干燥过程风速过快，风力过大，流化状态不稳定，容易形成风道，一部分热空气未经充分利用就被排出，且会带走一些粉末或细颗粒物料，造成浪费。

随着科技的不断发展，流化床干燥机的型式及应用也越来越多，设备的分类方法也有所不同。按被干燥的物料可分为三类：第一类是粒状物料；第二类是膏状物料；第三类是悬浮液和溶液等具有流动性的物料。按操作条件，基本上可分两类：持续式和间歇式。按结构状态来分类有一般流化型、搅拌流化型、振动流化型、脉冲流化型、碰撞流化型（惰性粒子作载体）等。

6. 喷雾干燥设备

喷雾干燥技术属于热风直接式干燥方法，特别适用于干燥初始水分高的物料，如液体物料、各种乳粉、大豆蛋白粉、蛋粉等速溶粉体食品。该技术在干燥领域发展较快，其在食品工业中正发挥着越来越广泛的作用。工作时喷雾干燥为连续进行，是利用喷雾器的作用，空气通过加热器转化为热空气进入装置，并呈螺旋状转动，同时使液态物料（溶液、乳浊液、悬浮液或膏糊状）经过喷嘴喷洒雾化成微细的雾状液滴，并将其抛洒于温度为120～300℃的热气流中，利用雾滴运动时与热气流的速度差，使物料在几秒至十几秒内迅速干燥，转变为符合生产要求的粉状、颗粒状、团粒状甚至空心球状。喷雾干燥的过程大致概括为三个基本阶段：一是料液雾化成雾滴；二是雾滴和干燥介质接触、混合及流动，即进行干燥；三是干燥产品与空气分离。

喷雾干燥的两个关键过程是雾化和干燥，利用高压泵，以 70～200 大气压（1 大气压＝101325 帕）的压力，将物料通过雾化器（喷枪）聚化成 10～200 微米直径的雾状微粒与热空气直接接触，进行热交换，短时间内完成干燥。要求雾滴大小分散均匀，雾滴过大干燥不彻底，干制品易结块；雾滴过小干制品易过热，分离回收困难。喷雾干燥设备出于不同的需要有许多分类方法，如按气液流向分有并流式（顺流式）、逆流式和混流式；按雾化器的安装方式分有上喷下式、下喷上式；按系统分有开放式、部分循环式和密闭式等。众所周知，喷雾干燥的雾化器有多种，但按其雾化机理，雾化器分为离心式、压力式和气流式三种。所以习惯上，人们对喷雾干燥器按雾化方式进行分类，也就是按雾化器的结构进行分类，可将喷雾干燥设备分为转盘式（离心式）、压力式（机械式）、气流式三种型式。

喷雾干燥技术的优势：干燥过程迅速，可直接干燥成粉末，无需再粉碎；易改变干燥条件，调整干燥产品质量标准；瞬间蒸发，对设备材料选择要求不严格；在干燥室内进行干燥，密闭负压，保证卫生条件；干燥过程滴液温度不高，干制品质量好；流程简单化，操作人员少。喷雾干燥技术的劣势：设备复杂，占地面积大，一次性投资大；粉末回收装置价格较高；电能消耗较大；热效率不高，一般每蒸发 1 千克水需要 2～3 千克的蒸汽。

喷雾干燥设备的主要用途：食品行业，砂糖、可可、咖啡、香料、奶粉、调味品等；制药工业，如中药浸膏、片剂颗粒、胶囊剂颗粒、低糖或无糖的中成药颗粒等；其他行业，如农药、饲料、化肥、颜料、染料等。

第三节　干制及脱水新技术

一、冷冻干制

冷冻干制（燥）是指通过升华从冻结的生物产品中去掉水分或其他溶剂的过程。升华指的是溶剂，比如水，像干冰一样，不经过液态，从固态直接变为气态的过程。冷冻干燥得到的产物称作冻干物，该过程称作冻干。冷冻干燥是食品干燥方法中物料温度最低的干燥方法之一。

冷冻干燥的过程通常包括冻结、升华和再干燥三个阶段。干燥设备有间歇式冷冻干燥设备和连续式冷冻干燥设备两种。连续式冷冻干燥设备常见的有旋转平板式干燥器、带式干燥器、振动式干燥器等。

冷冻干燥不同于普通的加热干燥，是对物料中的水分基本上在 0℃ 以下的冰冻的固体表面升华而进行干燥，干制品的色、香、味以及各种营养素的保存率较高；物质本身则剩留在冻结时的冰架子中，干燥后的产品体积不变、疏松多孔，不会发生浓缩现象；对于许多热敏性的物质特别适用；物质中的一些挥发性成分损失很少，适合一些化学产品、药品和食品干燥；在冷冻干燥过程中，微生物的生长和酶的作用无法进行，因此物料能保持原来的性状；由于干燥在真空下进行，氧气极少，因此一些易氧化的物质得到了保护；干燥能排除 95%～99% 以上的水分，使干燥后的产品能长期保存而不致变质；冷冻干燥要求的加热温度较低，干燥室通常不必绝热，热损耗少。因此，冷冻干燥目前在医药工业、食品工业、科研和其他相关行业得到了广泛的应用。但是冷冻干燥设备结构复杂，投资大，所用时间较长，所以干制成本较高，是常规方法的 2～5 倍，并且干制品易吸潮和氧化，包装需采用隔绝性能良好的材料或者容器，以便较好地保存制品。

冷冻干燥是在极低温度下对物料进行除水操作的一种干燥方式，干燥时首先将湿物料的温度降至低于共晶点，物料内部的水分转变为固态冰的形式存在，然后在合适的真空度下给干燥腔设定一定的温度，使物料内部的冰直接升华，利用冷凝装置对水蒸气进行冷凝，以达到去除水分的目的。在干燥过程中，水分的状态变化及扩散迁移都是在低温、低压的环境下发生的，因此其基本原理就是低压、低温环境下传质传热的问题，为了便于干燥过程中问题研究，一般根据操作步骤可以将其过程划分为预冻、升华干燥以及解析干燥。

冷冻干燥是一个相对稳定的可重复过程，因此常用于生物类型的物料干燥。在干燥过程中，首先将样品冷冻固定所有溶液成分，这可以在冷冻干燥器中直接完成，也可以在外部的冰箱里完成。在初级干燥过程中，冰通过升华转化成蒸汽从样品中去除，这是通过降低干燥室的真空压力，使其低于冰的蒸汽压（即在样品温度下）来实现的，这样水就会从样品迁移到冷凝器，在初级干燥过程中，样品需要保持在共晶点以下的温度，以减少样品的损失。在去除大量水分之后，二次干燥（解析干燥）主要是去除部分结合水，解析行为是通过给样品加热来完成的。然后，样品可以返回到环境条件下。为了延长寿命，可以在真空或低氧或低相对湿度的条件下进行储存。

二、微波干制

微波是一种高频波，是指波长为 1 毫米～1 米、频率为 $3.0 \times 10^2 \sim 3.0 \times 10^5$ 兆赫，具有穿透性的电磁波，常用的微波频率为 915 兆赫和 2450 兆赫。微波发生器的磁控管接受电源功率而产生微波功率，通过波导输送到微波加热器，需要加热的物料在微波场的作用下被加热。物体吸收微波能量转化成热量，使物体温度升高，物体内的水分蒸发、脱水、干燥。在对物料进行干燥时若适当地控制脱水速度，则能让物料的结构变疏松、膨化。在这个过程中，也可以调高加热温度，使物体处于烘烤状态。

微波加热为内源加热方式，改变了常规加热干燥过程中某些迁移势和迁移势梯度的方向，形成了微波干制（燥）的独特机理。由于物料中的水分介质损耗较大，能大量吸收微波能并转化为热能，因此物料的升温和蒸发是在整个物体中同时进行的。在物料表面，由于蒸发冷却的缘故，使其温度略低于里面的温度，同时由于物料内部持续产生热量，以至于内部蒸汽迅速产生，形成压力梯度。如果物料的初始含水率较高，物料内部水分蒸汽压则会快速升高，因此水分可能在压力梯度的作用下排除。初始含水率越高，压力梯度对水分的影响越大，即有一种"泵"效应，可加快干燥速度。微波干燥可使制品的含水量均匀一致，对于干燥食品水分具有调平作用。微波干燥过程中含水率梯度、传热和蒸汽压力迁移动力的存在，使得微波干燥呈现由内向外的特点，即对物料整体而言，将使物料内层首先干燥，克服了在常规干燥中因物料表面首先干燥而形成硬壳板结阻碍内部水分继续向外移动的问题。

微波干燥设备的核心是微波发生器，目前微波干燥的频率主要为 2450 兆赫，多用于化工、食品、农副产品、木材类、建材类、纸品等行业的干燥，也可用于食品、农副产品等的杀菌。

微波干燥的优越性：在传统的干燥工艺中，为提高干燥速度，需升高外部温度，加大温度梯度，然而随之容易产生物料外焦内生的现象，但采用微波加热时，无论物料形状如何，热量都能均匀渗透，并可产生膨化效果，利于粉碎；物料的干燥速率趋于一致，加热均匀；微波干燥技术不影响被干燥物料的色、香、味及组织结构，有效成分也不易被分解、破坏；微波设备配套设施少、占地少、操作方便、可连续作业，便于自动化生产和企业管理；能源利用率较高，达80%，这是因为微波的热量直接产生于湿物料内部，热损失少，热效率高；无环境和噪声污染，易于杀菌，可大大改善工作环境条件。

微波干燥的缺点：耗电量大，成本较高；加热时热量易向角及边处集中产生尖角效应。因此可采用热风干燥与微波干燥相结合的方法降低干燥成本。

三、红外线和远红外线干制

红外线和远红外线干制（燥）是利用辐射传热干燥的一种方法。红外线是指波长在 0.72～1000 微米之间的电磁波，红外线波长范围介于可见光和微波之间，工业上常分为近红外线和远红外线。

远红外辐射干燥技术的原理是：电热式远红外辐射器通过电热元件（电阻丝等）将电能转变为热能，加热远红外涂层，使其保持足够的温度，并向空间辐射具有一定能量的远红外线，被加热物质通过分子振动吸收远红外线而达到加热、干燥等目的。也就是说，红外线或远红外线辐射器所产生的电磁波，以光的速度直线传播到达被干燥的物料，当红外线或远红外线的发射频率和被干燥物料中分子运动的固有频率（即红外线或远红外线的发射波长和被干燥物料的吸收波长）相匹配时，引起物料中的分子强烈振动，在物料的内部发生激烈摩擦产生热从而达到干燥的目的。

在红外线或远红外线干燥中，由于被干燥的物料表面水分不断蒸发吸热，使物料表面温度降低，造成物料内部温度比表面温度高，这样使得物料的热扩散方向是由内往外的。同时由于物料内存在水分梯度而引起水分移动，总是由水分较多的内部向水分含量较小的外部进行湿扩散。所以，物料内部水分的湿扩散与热扩散方向是一致的，从而也就加速了水分内扩散的过程，也即加速了干燥的进程。

由于辐射线穿透物体的深度（透热深度）约等于波长长，而远红外线比近红外线波长，也就是说用远红外线干燥比近红外线干燥好。特别是由于远红外线的发射频率与水或塑料等高分子物质的分子运动固有频率相匹配，引起这些物质的分子激烈共振。这样，远红外线就能穿透到这些被加热干燥的物体内部，并且容易被这些物质所吸收，所以两者相比，远红外线干燥更好些。

红外线、远红外线干燥的优势：①物料内部分子吸收了远红外线辐射能量直接转变为热量（因物料内、外升温均匀），干燥速度快、生产效率高，特别适用于大面积表层的加热干燥。②设备小，建设费用低。特别是远红外线，烘道可缩短为原来的一半以上，因而建设费用低。若与微波干燥、高频干燥等相比，远红外加热干燥装置更简单、便宜。③干燥质量好。由于涂层表面和内部的物质分子同时吸收远红外辐射，因此加热均匀，产品外观、机械性能等均有改善和提高。④传热快，加热时间短，可减少对食品物料的破坏，广泛应用于食品业，建造简便，易于推广。⑤远红外线或红外线辐射元件结构简单，烘道设计方便、便于施工安装。

远红外加热与传统的蒸汽、热风和电阻等加热方法相比，具有加热速度快、加热均匀、设备占地面积小、生产费用低、无污染和加热效率高等许多优点。用它代替电加热，其节电效果尤其显著，一般可节电30%左右，个别场合甚至可达60%~70%。远红外干燥技术可广泛应用于纺织、印染、机电、印刷、玻璃退火、食品加工和化工等方面。

常见的远红外加热器有金属管加热器和磁化硅板加热器等；比较先进的远红外干燥设备有很多，如 LH-1 远红外双面链板式、LH-1 远红外链带式、LH-2 型远红外单面链板式干燥设备等。

四、过热蒸汽干制

1. 过热蒸汽干制过程

过热蒸汽干制（燥）是指用过热蒸汽直接与被干燥物料接触而去除水分的干燥方式，是近年来发展起来的一种全新的干燥方法。过热蒸汽的产生过程如图 2-2 所示。假设在容器内装一定量的水并给容器恒定的压力，此时容器内全部为液态水，水的温度低于饱和温度（T_s），此时容器内水的状态称为未饱和水；对容器进行加热并保持容器内压力不变，当容器内水的温度等于饱和温度时，此时容器内水的状态称为饱和水。继续给容器提供热量，容器内的水开始蒸发，使容器内为液态水与水蒸气的混合物，此时容器内水蒸气的状态称为湿饱和蒸汽，湿饱和蒸汽的温度等于水的饱和温度。继续给容器内提供热量，容器内的水分继续蒸发，当液态水刚蒸发完成后容器内全部为水蒸气，此时水蒸气的状态称为干饱和蒸汽，干饱和蒸汽的温度等于水蒸气的饱和温度。继续给容器提供热量，此时容器内的水蒸气温度开始升高，水蒸气由干饱和状态变为过热状态，此时的蒸汽称为过热蒸汽，过热蒸汽的温度要高于水的饱和温度。过热蒸汽是一种非饱和气体，非饱和气体可以继续容纳水汽，具有除湿的作用。

过热蒸汽干燥流程如图 2-3 所示。通过加热器（蒸汽加热器）将锅炉产生的饱和蒸汽转化为过热蒸汽，在干燥室内蒸汽将热量传递给干燥物料，并从干燥物料中吸收蒸发的水分，实现干燥操作。排放的尾气具有较高的温度和特定的焓值，可在一个封闭的回路中重新加热和再利用。干燥器中产生的额外蒸汽也可从

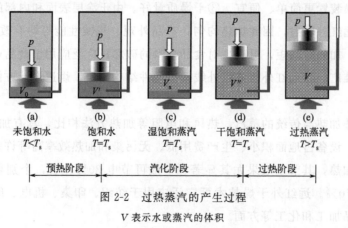

图 2-2　过热蒸汽的产生过程

V 表示水或蒸汽的体积

系统中抽出并用于其他地方。如果尾气再利用（或冷凝，其能量用于其他地方），则干燥系统的"净"能耗将大大降低，这是由于蒸发潜热没有计入干燥操作。在这种情况下，干燥所需的能量只是将饱和蒸汽重新加热为过热蒸汽所需的显热，而产生饱和蒸汽所需的能量只需计算一次。然而，在实践中，可能无法完全重复利用所有的尾气，根据目前的经验，回收率可能达到 $60\%\sim70\%$。然而，与热风干燥系统相比，这是一种显著的节能干燥方式。

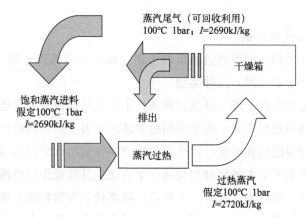

图 2-3　过热蒸汽干燥流程

$1bar = 10^5 Pa$

2. 过热蒸汽干制的优点

过热蒸汽干制（燥）可利用蒸汽的潜热，热效率高，节能效果显著。因干燥室（机）排出的废气全部是蒸汽，可以用冷凝的方法回收蒸汽的汽化潜热，故热效率高，有时可高达 90%。

（1）干燥速度快　由于过热蒸汽的比热容和传热系数比空气大，同时过热蒸汽干燥介质中的传质阻力可忽略不计，故水分的迁移速度快，干燥周期可明显缩短。

（2）干燥质量好　用过热蒸汽干燥的主要优点是产品的质量得到改善。用过热蒸汽作干燥介质时，由于物料表面湿润、干燥应力小，不易产生开裂、变形等干燥缺陷；同时由于过热蒸汽干燥无氧化反应，如木材颜色不会褪变，故干燥品质好。研究表明，使用过热蒸汽干燥胡萝卜块，干后产品的复水性、颜色、维生素保留量均优于真空干燥。

（3）安全性好　过热蒸汽干燥避免了干燥室着火或爆炸的危险。过热蒸汽干燥无空气存在，没有氧化和燃烧反应。一些通常不能用热风干燥的食品原料，可以用过热蒸汽干燥。

（4）减少设备的体积和废气的净化量　过热蒸汽的比热容大，蒸汽用量少，这就可以减少设备的体积和废气的净化量。

（5）有利于保护环境　过热蒸汽干燥是在密封条件下进行的，粉尘含量大大降低。用过热蒸汽干燥可以消除城市垃圾、污泥等的臭味。

（6）具有灭菌消毒作用　过热蒸汽干燥物料的温度是操作条件下水的沸点温度，在干燥有灭菌要求的食品原料和药品原料的同时，能消灭细菌和其他有毒微生物。

3. 过热蒸汽干制分类

根据操作压力的不同可将过热蒸汽干制（燥）分为低压干制（燥）、常压干制（燥）和高压干制（燥）三种类型。

（1）低压过热蒸汽干燥　低压过热蒸汽干燥是指在低于大气压力的条件下采用过热蒸汽对物料进行干燥。由于采用过热蒸汽作为干燥介质时产品的温度必须超过操作压力对应的饱和温度，对于热敏性物料可采用低压过热蒸汽干燥，这样可避免使物料产生不必要的物理变化或化学变化。目前低压过热蒸汽干燥主要应用于果蔬、茶叶、奶豆腐、稻谷、山竹壳、蔬菜种子等物料的干燥。

（2）常压过热蒸汽干燥　常压过热蒸汽干燥是指在接近大气压的条件下对物料进行干燥，其经常应用于煤炭、锯末、咖啡豆、酱油渣、木材、丝绸、食品物料等的干燥。常见的干燥设备有过热蒸汽流化床、固定床、喷雾干燥器和冲击式干燥器等，其中常压过热蒸汽流化床和带式干燥器已成功用于制糖工业的甜菜渣干燥程序；旋转式过热蒸汽干燥器已应用于污泥的工业化干燥。

（3）高压过热蒸汽干燥　高压过热蒸汽干燥是指在较高的操作压力（5～25巴）下对物料进行干燥，常见的干燥设备有高压过热蒸汽流化床、闪蒸干燥器等，用于果渣、甜菜渣等的工业化干燥。德国布伦瑞克机械工程研究所成功地将高压过热蒸汽干燥器应用于甜菜渣的工业化干燥中，生产结果显示，干燥器的能耗为2900千焦/千克，而传统的热风干燥器的能耗为5000千焦/千克，节能效果显著，并且采用过热蒸汽干燥的甜菜渣色泽要优于传统的热风干燥。法国和丹麦也已将高压过热蒸汽流化床干燥器应用在制糖产业中。

目前，随着干燥技术的进步与社会的发展，在欧洲许多国家，过热蒸汽干燥技术已被广泛应用于果蔬、食品等行业的工业化生产中。

五、静电场干制

静电场干制（燥）是一种基于热传导、辐射以及其他形式热传导方法的干燥方法，通常被用来干燥热敏性材料。静电场干燥通常采用一个或多个电极或平行板电极组成的高电场来改善干燥过程。在干燥过程中，物料的水分快速蒸发使得温度以及熵降低。相较于传统干燥以及冷冻干燥具有更低的能耗以及更简单的装置。

Bajgai 和 Hashinaga 报道使用高压电场干燥菠菜能够在干燥过程中保持物料温度不升高，干燥速度快，并且菠菜能够很好地保留叶绿素 a 和叶绿素 b。内蒙古大学将高压干燥技术应用在肉制品的干燥中，并且通过该技术对多种物料的高压干燥的研究，发现高压电场干燥具有能耗低、不污染环境、干燥均匀、物料不升温的优点，且能很好地保存物料的有效成分，并且高压电场还有杀灭细菌的特点，能够很好地保证产品品质。

六、喷雾冷冻干制

喷雾冷冻干制（燥）（spray freeze drying，SFD）是将料液经雾化器（液压式、气压式、超声式等）雾化后形成雾滴，通过与低温介质（如液氮、冷气体、冷板面、冷球面等）接触，使料液雾滴在共晶点以下冻结，再进行冷冻干燥使水分升华形成粉体产品的过程。该技术结合了雾化和冷冻干燥两者的优势，制备过程温和，雾化后物料在冷环境中迅速冻结从而避免溶质偏析，之后的冷冻干燥过程则可以很好地保留食品的风味和生物制品的活性，具有改善物料品质和提高药物粉末治疗性能的潜力，并且在吸入式药物输送领域也具有较大的优势。与传统的干燥技术相比，喷雾冷冻干燥粉体还具有缓释的重要特性和改善药物水溶性等巨大潜力，这推动了喷雾冷冻干燥药物的商业化应用。喷雾冷冻干燥已应用于新型给药系统，为药物提供更安全的药物输送和更长的药物半衰期，以及实现药物靶向递送。减小粉体尺寸可以提高产品的溶解度。但随着粉体粒径的减小又会导致其稳定性变差。如何快速冷冻，最大程度消除药物与赋形剂的相分离是 SFD 技术的一大挑战。

1. 喷雾冷冻干燥过程分类

喷雾冷冻干燥每个步骤都可以采用不同的形式和方法，通过不同方法的组合可以得到不同的喷雾冷冻干燥过程。喷雾冷冻干燥过程的分类主要是依据不同的雾化冻结过程条件与冷冻干燥过程条件。

（1）雾化冻结过程

① 在冷气体中喷雾冷冻（spray-freezing into vapor，SFV）。将料液雾化在装有低温气体的容器内，使其在冷气体作用下冻结形成冰粒。如图 2-4 所示，液氮汽化后形成低温氮气，使液滴在下落过程中与冷气体接触并冻结，将冻结冰颗粒收集后再转至冷冻干燥设备进行之后的干燥操作。粉体微观结构形成主要受冻

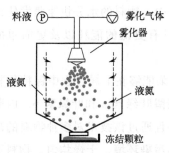

图 2-4　冷气体中喷雾冷冻

结速率及成核速率的影响。这种方法受冻结室结构的影响明显，液滴下落过程中与冷气体接触时间短，会发生不完全冻结，而造成收集器中粉体团聚结块。

Eggerstedt 等通过压电单液滴发生器将溶液分散成单液滴后在不锈钢塔设备中进行冷冻，塔外壁设置有液氮夹套，用来使冷冻室空气降温。Mumenhtaler 等使用冷空气将下落液滴冻结得到冻结颗粒，并在冻结室内进行常压冷冻干燥，冷气系统通过封闭循环管路使干燥气体循环使用，并通过冷凝器不断将湿空气冷凝再生得到干冷空气对雾化液滴进行冻结。为了提高冷冻颗粒的收集率，避免冻结颗粒黏附在冻结室内壁，Wang 等设计开发了一种气体夹套装置，该气套由固体外壁和多孔内壁组成，气体通过内壁孔后冻结下落液滴，并将冻结液体输送到出口过滤器上，从而得到厚度均匀的冻结滤饼。

② 在冷液体中喷雾冷冻（spray-freezing into liquid，SFL）。将雾化器放置于低温液体中，料液直接由雾化器分散后在低温液体环境中冻结。雾化液滴进入低温液体后会产生强烈的汽化现象，此方法拥有超快速的冻结速率，可以获得粒径更小的粉体材料。如图 2-5 所示，低温液体可以通过搅拌器搅拌来防止冻结液滴团聚结块，冻结的液滴经收集后转移至冷冻干燥设备进行冷冻干燥。由于喷嘴需要放置在低温液体中，通常需选择低导热系数材质（如聚醚醚酮）喷嘴将物料雾化，以防止物料堵塞喷嘴。或可对喷嘴进行加热，但可能导致严重后果，如发生蛋白质等活性物质、热敏性物质失活以及低温液体快速汽化等问题。冷冻干燥时需要对冷液体进行处理，增大了操作难度。

③ 在气/液介质中喷雾冷冻（spray-freezing into vapor over liquid，SFV/L）。低温液体汽化形成气体，使液体表面形成低温气体层。该方法是将雾化器喷嘴放置于低温液体上方一小段距离。雾化液滴下落后进入冷气相时，先在低温气体层

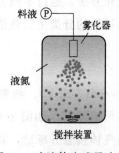

图 2-5　冷液体中喷雾冷冻

图 2-6　气/液介质中喷雾冷冻

中预冷并缓慢冻结，之后液滴下落至低温液体中完全冻结形成冰颗粒，如图 2-6 所示。该过程雾化器不直接与冷液体接触，在雾化器材质选择上拥有更大的空间，并且可以得到类似于在冷液体中喷雾冷冻的冻结液滴。其缺点是处理生物制品时，生物制品在冰水界面的稳定性变差，品质下降。

④ 在冷板面上喷雾冷冻（spray-freezing onto cooling surface，SFCS）。雾化液滴与冷板面接触碰撞后，经铺展、回缩、振荡等过程冻结在冷板面上，之后再进行冷冻干燥。冻结过程可由板面材质、温度和倾斜角度控制，通过预测液滴撞击板面后液滴的行为从而实现冻结过程和粉体形态的可控。雾滴冻结过程无需冷却液，并且可以获得比冷气中冻结更高的冻结速率。但雾化液滴聚集于雾化区下方，容易在冷板面发生结块（图 2-7）。

⑤ 在冷载体颗粒表面喷雾冷冻（spray-freezing onto cooling carrier ball surface，SFCCBS）。将雾化液滴涂覆到冷载体颗粒表面，料液与冷表面接触后迅速冻结成冰膜或冰颗粒，之后再进行冷冻干燥（图 2-8）。载体颗粒作为冷冻介质，可以在避免使用冷冻液的同时提高冻结过程中的热质传递，解决冷冻液处理和细粉喷雾冷冻干燥时操作困难等问题。选择载体颗粒时需考虑载体颗粒的导热性能及剥离性能，可以选择活性颗粒与涂覆液滴形成复合颗粒，制备新型复合材料。或选择惰性粒子为载体颗粒，将载体颗粒作为储能介质及粉体支撑骨架，强化冻结和干燥时的传热传质。

图 2-7　冷板面上喷雾冷冻

图 2-8　冷载体颗粒表面喷雾冷冻

（2）冷冻干燥过程

根据干燥压力的不同，冷冻干燥可以采用真空以及常压等不同的干燥方式。

① 真空冷冻干燥。真空冷冻干燥是使用最广泛的冷冻干燥技术，通过对干燥室抽真空去除冻结物料中的水分（或溶剂）。一次干燥阶段物料通过冰晶升华的形式去除冻结的自由水（90%的水分）。二次干燥阶段主要去除待干物料中未被冻结的部分结合水。真空冷冻干燥中冰升华所需的能量由加热器的热传导或热辐射提供。Yeom 等研究了产品高度、加热板温度等不同条件下喷雾-真空冷冻

干燥时间的变化情况。结果表明,干燥时间随着产品高度的降低而逐渐缩短,随加热板温度的上升而呈指数下降。隧道真空冷冻干燥也是一种合适的选择,可以减少干燥时间和产品损耗。干燥所需的热量通过红外或微波辐射提供,冻结物料则可以装在托盘中通过真空干燥室。

② 常压冷冻干燥。由热力学知识可知,只要保持水的分压在冰蒸气压以下,常压下冷冻干燥也是可以实现的。由于内部传质阻力增加了物料的保温时长,常压冷冻干燥过程由水蒸气通过粉体多孔结构的分子扩散控制。干燥速率与冰的温度以及物料与冷气体之间的蒸气压梯度有关。Ishwarya 等研究发现,干燥过程的有效性可能取决于待干燥材料的孔隙结构、比表面积以及冷气体流量。Mumenhtaler 等研究了常压流化床冷冻干燥液态食品的工艺方法来替代传统的真空冷冻干燥,强化了循环干燥介质与冻结物料间的传热传质,并且有效保留了产品中的挥发性香气物质,提高了产品品质。但该装置由于采用逆流式,导致粉体收集效率较低,并且常压流化床需要大量的干燥冷气体,使生产成本增大。

如果待冻干的产品内部可以均匀传热,则可以减小冰颗粒融化和粉体结构崩溃的可能,可以使用流化床系统在低压条件下进行冷冻干燥。Anandharamakrishnan 等证明了采用低压流化床喷雾冷冻干燥蛋白质的可能性,在 0.1 巴的低压条件下制备了快速干燥的多孔乳清蛋白粉,使用气体量明显少于常压冷冻干燥。

此外,还有真空干制、泡沫干制、膜扩散脱水干制等新技术。

七、组合干制

组合干制(燥)通常可以发挥两种或两种以上干燥方法的优点,克服单一干燥方法的缺点,如干燥时间长、高能耗以及低的产品质量。新的干燥技术如微波、红外、超声等通常被用来与传统技术结合来缩短干燥时间以及提高产品质量。组合干燥技术分为并联干燥法和串联干燥法。并联干燥通常使用一种或几种同时进行的干燥方式进行干燥。串联干燥通常为多种干燥方式接连连续使用。表2-2 所列为部分组合干燥技术在果蔬产品中的应用。通过将不同的干燥技术进行并联再进行串联能够显著地提高干燥效率和干燥效果。

表 2-2　组合干燥在果蔬产品中的应用举例

组合方法	物料	组合干燥含水量临界转换点	优点
真空冷冻干燥+空气干燥	竹笋	24.4%(d.b.)	相较于空气干燥具有更好的营养保留率、细胞结构及复水性;相对于单一冷冻干燥节能约21%
真空冷冻干燥+空气干燥	草莓	31.98%(d.b.)	较冷冻干燥能耗更低

续表

组合方法	物料	组合干燥含水量临界转换点	优点
红外＋微波真空干燥	香蕉	20％和40％质量损失	相较于冷冻干燥具有更高的干燥速率与更好的产品品质
微波真空干燥＋冷冻干燥	胡萝卜片和苹果片	48％,37％(d.b.)	相较于冷冻干燥具有更高的产品品质以及干燥效率
热泵流化床冷冻干燥＋微波真空干燥	绿豌豆	(2.07 ± 0.11)kg/kg(d.b.)	可获得更好的产品品质
冷冻干燥＋微波真空干燥	苹果片	37.12％(d.b.)	相对于单独干燥方法节能约39.2％,产品品质更好

注:d.b.表示干基含水量。

1. 微波与其他干燥方式联合干燥

微波增强喷动床相较于普通微波干燥具有更好的干燥均匀性。在喷动床干燥器中,通过气动搅拌能够实现产品对微波能量的均匀吸收。颗粒在流体中悬浮或随其一起流动,强化颗粒与流体间的传热、传质与化学反应特性。因此,联合流化床或喷动床被认为是解决微波干燥不均匀问题的有效途径。

微波冷冻干燥(microwave freeze-drying,MFD),即微波加热辅助冷冻干燥,结合了冷冻干燥(freeze-drying,FD)和微波干燥(microwave drying,MW)加热的优点。一些研究结果表明,与FD相比,MFD可以减少40％的干燥时间,并且可以提供相似的产品品质。除了加快干燥速度,一些研究表明MFD过程可以导致干燥产品中微生物含量的降低。然而,MFD产品不能像FD产品那样保持其形状,在实践中仍有许多问题需要解决。Wang等通过在实验室系统中引入气动脉冲搅拌,使用微波加热改善FD的干燥均匀性。结果表明,与稳定喷动条件下相比,脉冲喷动床模式可以使干莴苣切片具有较低的变色率,更均匀、致密的微观结构,更高的复水能力以及更高的复水后硬度,干燥时间比稳定喷动条件下的时间短。

2. 红外与其他干燥方式联合干燥

红外辐射与对流加热或真空的组合比单独辐射或热空气加热更有效。一些报道表明,将远红外辐射(FIR)与其他脱水技术相结合可以缩短干燥时间,改善干燥产品的营养、感官和功能特性,例如,使用红外热源的对流干燥胡萝卜、苹果、香蕉,草莓的远红外和真空联合干燥,以及薯片的热空气冲击和红外联合干燥。热泵与远红外辐射干燥相结合,部分克服了热泵干燥固有的均匀性问题。

第四节　干制方法及干制设备的选择

干制方法及干制（燥）设备多种多样，至于选择哪种，需做一些考量：①物料性能及干燥特性。物料的形态大小，片状、纤维状、颗粒状、细粉状直至膏糊状和液体物料，故选择干燥机应首先依据物料的形态；物料的各种物理特性，如密度、堆密度、粒径分布、热容以及物料的黏附性能等，黏附性能的高低，对进出料和某些形式的干燥机的工作有很大的影响，黏附严重时干燥过程无法进行；物料在干燥过程中的特性，如受热的敏感性，有些物料在受热后会变色和分解变质，干燥过程中物料的收缩将使成型制品开裂或变形，从而使产品品质降低甚至报废；物料与水分结合的状态，它决定了干燥的难易程度、能量消耗水平和在干燥机内停留时间的长短，这与选型有很大的关系，如对难干燥的物料主要是给予较长的停留时间，而不是强化干燥的外部条件。②对干燥产品的要求。对干燥产品形态的要求在某些情况下特别重要，如在食品干燥中，对产品几何形状的要求是能否使产品含水率达到干燥要求的关键；再如速溶性产品，为避免粉尘飞扬，选择干燥机时必须应用喷雾造粒装置；对干燥均匀性的要求；对产品卫生的要求；对产品的一些特殊要求，如对咖啡、香菇、蔬菜等物料的干燥，要求产品能保持其特有的香味，故不能采用高温快速干燥。③湿物料含水量的波动及干燥前的脱水情况考虑。进入干燥机的物料含水率应尽可能避免较大的波动，若含水率变大，将使干燥机产量下降或干燥产品达不到含水率要求，若含水率变小，则出口排气温度上升，产品过度干燥，不但会使干燥机热效率下降，有时还会使产品温度上升，从而影响产品质量；对于高湿物料（含水率60%以上），在干燥前应尽可能应用机械脱水（压滤、离心脱水等）给予预脱水，机械脱水的设备费用虽较高，但其操作费用之低廉是热风干燥无法相比的。④降低能耗及成本的考虑。耗能最少的情况下获得最好的产品质量，即达到经济性与优良食品品质。

第五节　影响果蔬（花卉）干制速度的主要因素

果蔬花卉干制过程中干制的快慢对干制品品质起着重要作用，当条件相同时干制速度越快干制品品质越好。干制速度也受其他条件影响，简要介绍以下几点：

（1）空气的温度　若空气的相对湿度不变，温度愈高，达到饱和所需的水蒸气愈多，水分蒸发就愈容易，干燥速度也就愈快；反之，温度愈低，干燥速度也就愈慢，产品容易发生氧化褐变，甚至生霉变质。但也不宜采取过度高温，因为果蔬花卉含水量高，遇过高温度，使细胞质液迅速膨胀，细胞壁破裂，可溶性物质流失。此外，原料中的糖因高温而焦化，有损外观和风味，高温低湿还容易引起结壳现象。在干制过程中，一般采用 40～90℃ 的温度，凡是富含糖分和挥发油的果蔬，宜用低温干制。

（2）空气的相对湿度　如果温度不变，空气的相对湿度愈低，则空气湿度饱和差愈大，干燥速度愈快；而空气相对湿度过高，原料会从空气中吸收水分。

（3）空气的流速　通过原料的空气流速愈快、带走的湿气愈多，干燥也愈快。因此，人工干燥设备中，可以通过鼓风增加风速，以便缩短干燥时间。

（4）原料的种类和状态　果蔬花卉原料的种类不同，其化学组成和组织结构也不同，干燥速度也不一致，如原料肉质紧密，含糖量高，细胞液浓度大，渗透压高，干燥速度快，有些原料如葡萄、李子等果面有一层蜡质，阻碍水分的蒸发，可在干燥前用盐水处理，将蜡质溶解，以增加干燥速度。由于水分是从原料表面向外蒸发的，因此原料切分的大小和厚薄对干燥速度有直接的影响，原料切分愈小，其比表面积愈大，水分蒸发愈快。

（5）物料的装载量　原料铺在烘盘上或晒盘上的厚度愈薄，干燥就愈快。

（6）水的沸点　水的沸点会随着大气压的降低而降低，气压越低沸点越低。在相同温度下，气压越低，水沸腾越快。和常压干燥相比，物料放在热真空室内脱水所需温度更低，那么在相同温度下脱水会更快。

（7）干燥设备的设计及使用　人工干燥设备是否适宜和使用是否得当，也是影响干燥速度的主要因素。

第六节　果蔬在干制过程中的变化

一、物理变化

① 干缩和干裂。食品在干燥时，因水分被除去而导致体积缩小，组织细胞的弹性部分或全部丧失的现象称作干缩。干缩的程度与食品的种类、干燥方法等因素有关。

干裂是表面硬化现象，是指干制品外表干燥而内部仍然软湿的现象。引起表面硬化的原因：一是食品在干燥时，其内部的溶质迁移到表面并形成结晶；二是其内部的水迁移速度滞后于表面的水分汽化速度从而表面形成一层干硬的膜（可以降低物料表面温度，使物料干燥速度缓慢，适当提高空气中的湿度来防止硬化）。

② 体积变小和重量减轻。物料干制后大多水分蒸发，体积变小，重量随之减轻。

③ 溶质迁移现象。一般物料中还有糖、盐、有机酸等可溶性物质，干燥时这些物质会随水分向表面迁移。并且这些可溶性物质在干制品中的均匀分布程度与干燥工艺有关。快速干燥可造成表面干硬，而缓慢干燥则可以使溶质借助浓度差的推动力在物料内部重新分布。溶质浓度高，物料干燥缓慢，原因是溶质存在提高了水的沸点，影响物料中水分的蒸发。

④ 多孔性。快速干燥时物料表面硬化，以及内部蒸汽压的迅速建立会促使物料形成多孔性。加入发泡剂，也会形成多孔性。高速抽真空会使水蒸气迅速蒸发、外逸，也会形成多孔性产品。

⑤ 热塑性。也就是加热后会出现软化的现象，如含糖高的果蔬汁，干燥后残留的固体会呈现热塑性黏质状态，黏黏糊糊，难以取下。加之冷却设备，热塑性固体在冷却后会硬化成结晶体或无定型玻璃体而脆化。

二、化学变化

果蔬中的营养成分，如蛋白质、碳水化合物、脂肪、各种维生素等，可能在干制过程中会发生变化。

① 干制品在复水和烹煮后，显得较为老韧和缺乏汁液，与新鲜的食品相比存在明显差别。含较多蛋白质的干制品在复水后，恢复不到新鲜的状态，这是由于蛋白质脱水变质导致的。干燥变质的程度主要取决于干燥的温度、时间、水分活度、pH 值及干燥方法等因素。

② 脂质氧化：虽然干制品的水分活度较低，脂酶活性受到抑制，但是由于缺乏水分的保护作用，极容易发生脂质自动氧化，导致干制品变质。这主要受干制品的种类、温度、相对湿度、氧的分压、金属离子等多种因素的影响。

③ 变色：食品干制后改变了物理化学性质，使食品反射、散射、传递和吸收可见光的能力发生变化，会因所含色素物质变化而出现各种颜色的变化，比如变黄、变黑等，常见的是褐变，包括酶促褐变和非酶促褐变。

三、组织学变化

干制品在复水后，其口感、多汁性及凝胶形成能力等组织特性均与生鲜食品存在差异。这是由于食品中蛋白质因干燥变性及肌肉组织纤维的排列和显微构造因脱水而发生变化，导致干制品复水性差，复水后的口感较为老韧。

风味的变化：食品物料失去挥发性风味物质是脱水干制常见的一种化学性变化，还可能产生煮熟味等一些异味。

控制干制条件来改善物理变化：高温快速干燥或缓慢干燥，可得到不同的干制产品；降低食品表面温度使物料缓慢干燥，或适当"回软"再干燥，一般就能延缓表面硬化；加有不会消失的发泡剂，并经搅打发泡而形成稳定泡沫状的液体浆质体食品干燥后，也能成为多孔性制品。真空干燥时的高度真空也会促使水蒸气迅速蒸发并向外扩散，从而制成多孔性的制品；输送带的干燥设备内设冷却区，减少热塑性。

第七节　花卉干制的原理与方法

一、花卉干制原理

花卉干制与果蔬干制一样，都是指在自然条件或者人工控制条件下蒸发或者脱出一定量的水分而尽量保存物料原有的风味、营养价值以及美观程度的方法，制品是干花。花卉干制过程中水分的蒸发依赖水分的外扩散和内扩散，除去的是游离水和部分胶体结合水。由于干燥物料中大部分是游离水，先从物料表面向外蒸发的快称为外扩散。蒸发至50%～60%时的干燥速度由物料内部水分转移速度而定。干燥时物料水分的内部转移称为水分内部扩散。由于外扩散的结果，造成物料表面和内部水分之间的水蒸气分压差，水分由内部向表面移动，以求物料各部分平衡。此时开始蒸发胶体结合水，所以干制后期蒸发速度就显得缓慢。另外，在物料干燥时，因各部分温差发生与水分内扩散方向相反的水分的热扩散，其方向从较热处移向不太热的地方，即由四周移向中央。若水分外扩散远远超过内扩散，则物料表面会过度干燥而形成硬壳，降低制品的品质，阻碍水分的继续蒸发。这时由于内部水分含量高，蒸发压力大，物料较软部分的组织往往会被压破，使物料发生开裂现象。干制品含水量达到平衡状态时，水分的蒸发作用就看不出来，同时物料的品温与外界干燥空气的温度相等。

干燥过程分为两个阶段，即恒速干燥阶段和降速干燥阶段，在两个交界点的水分称为临界水分，这是每一种物料在干燥条件下的干燥特征。

干燥后期，干燥的热空气使物料的品温上升较快，当物料表面和内部的水分达到平衡状态时，物料的温度与空气的干球温度相等，水分的蒸发作用即停止，干燥过程结束。

二、花卉干制方法

花卉的广泛应用是时代的进步、文明的标志。长期以来，花卉作为美的使者主要是供人们观赏，并美化环境。近年来，随着经济文化的进步和食品工业的迅猛发展，作为植物之精华的花类逐渐成为食品的主辅料和食品工业的原料，与人们的饮食生活、医疗保健等紧密联系了起来。花卉生命力强，含水量普遍高，所以保鲜期不长，容易腐败，它的使用价值受到局限。所以对花卉进行干制与保鲜促其保存期延长以便有效利用成为一大产业。干花是由鲜花脱水干燥而成的花朵，它能够保存鲜花的艳丽色彩，留有自然花卉的芬芳，不仅使人们获得天然美的享受，还可以滋养人体。

1. 自然干制

民间广泛使用的仍然是阳光和风力的自然干制，而自然干制一般是选用含水量较少的花卉。

（1）室内风干　风干是最简单、最常用的一种制作干花的方法，选一间温暖、干燥且通风条件良好的房间，室内温度不应低于10℃。通风好的柜子，有加热设施的房间，或是顶楼、阁楼之类的地方也都适宜。

常年生野花、绣球花、飞燕草、含羞草、艾菊等，需用细麻线把它们扎成小把倒挂在衣钩或细绳上面，但一定要远离墙面。纸莎草、薰衣草、蒲苇花，插在敞口大的容器里风干，使它们能成扇形摊开。有的花只需平摊放到架子上即可。

风干的时间随着花的类别、空气湿度和气温的变化而变化。在温暖、干燥的房间里，飞燕草只需两三天就会变干，但在温度稍低的棚子或杂用间里，就需要8～10天的时间。干制期间必须每隔两三天就要观察、嗅闻，如果感觉花像纸那样脆，干制即成功。

（2）自然风干　根据花的不同特质可分为不同的方法。

① 倒挂风干（悬挂）。适用于有一定长度的及带花朵的花材。具体方法是将采集来的花材一束束整理好，用橡皮筋（不要用绳子，因植物干燥后会收缩，体积变小，会从绳结中脱落）扎紧，倒挂在通风干燥的地方。月季、勿忘我、情人草、千日红、小麦、满天星等要放在避光的地方，而米蒿、香椿果、高粱、莲蓬头等可以放在有日光的地方悬挂。

倒挂法简单方便，易于操作，但在一定程度上会使花材褪色枯黄。有效避免花材褪色的关键是，花材一定要置于干燥通风的地方，避免阳光直晒。在倒挂的时候要注意将花材分成小束或独枝，平均铺开，避免密集而发霉或干燥不彻底。常见的薰衣草、紫罗兰、飞燕草等都适合倒挂风干。

② 平放干燥法。适用于茎枝较短、花茎单薄的花材，零散的花瓣或者掉下来的花头和不易变形的花材，花穗较大、较重的花材，如麦秆菊、松果、小葫芦、小丝瓜、玉米等。将花材松散地平放在干燥、通风、避光的平台上，适时翻

转，加快水分挥发，防止霉烂。

③ 叶片干燥法。像蕨叶、广玉兰、苏铁、竹叶等叶材，要使用压制干燥法。因为叶片干燥后会卷缩，保持不了原来平整的形态和大小，所以一定要用重石压花法或标本夹压花法将其压平干燥，处理后的叶片平整舒展，仍能保持原来的形态，以便进行后期的漂白处理。

花卉自然干制与果蔬自然干制的优越性和不足以及注意事项大体相同，这里不再赘述。

2. 人工干制

人工干制前采摘新鲜的花材大体分以下几步进行：

① 蒸花。将挑选好的鲜花以清水冲洗，晾干后用蒸笼蒸。大约每层放置 7 厘米左右厚度，不能超过 7.5 厘米。

② 熏花。蒸过的鲜花放置熏制锅里，用蒸汽熏大约 5~6 分钟，熏制过程中水不能太少，以免造成生花，为了保持水质清洁，蒸一次换一次水。

③ 干制。蒸过的花呈饼子形，干制前为保持良好形状，手工恢复其原本形状，用抽真空法倒立 1~2 天，便可成。花农大多用塑料棚抽真空，或者用鼓风机和真空泵抽真空干燥。也可以晾晒 4~5 天，但是花易变形。

3. 干燥剂干燥法

对于不易自然风干的花材，可以使用干燥剂进行快速风干，避免花材在风干过程中腐败变形，也能更好地保持花材的颜色。

具体步骤如下：

① 将干燥剂适量铺于密闭容器（或者空间）的底部。

② 将花材置于干燥剂中，均匀铺开。

③ 在花材上方盖满干燥剂，再将容器密闭好，等待花材彻底干燥后取出。

使用干燥剂干燥的鲜花会变得易碎，在取出时要避免碰碎花瓣。残留的干燥剂需进行清洁。干燥剂属于化学产品，要放置于不会被儿童和宠物误食的地方，避免发生危险。

4. 压制干花（艺术创作以及观赏价值高、平面的干花）

（1）干燥板压制

① 挑选初开的新鲜花朵，采摘不宜在雨后或者是带着露水，否则不容易压干。也不能选取下午花朵被晒得水分太过缺失，变得很蔫，压制时不仅不新鲜影响色泽，也会卷曲不容易放平。一般整朵压制时选择较小的、较扁平的、立体感不强的花朵；对于较大的、重瓣的花卉，可拆分压制花瓣，之后再组合成为原来的花朵；也有一些需要顺着花瓣弯曲走向切分后再压制。茎部也不能太粗太圆，

因其不容易压制，且做出来的成品不太平整，影响美观；可以将较粗、较圆的茎秆剖开压制，或者用细砂纸打磨后压制。选取原料的颜色也需要注意，不能颜色太浅，因其压干后没有什么颜色；也不能太深，否则压干后颜色太重。

注意：鲜花采下来如不能马上压制，需要放置于潮湿（可以浸湿纸巾铺上）的盒内，或者将花柄（花枝）根部用湿布（或湿纸巾）包裹，外层再用塑料薄膜包裹，以免鲜花因过度失水而蔫谢。

② 开始压花，最下面放一层干燥板，铺上衬纸（吸水性能好的，例如生宣、硫酸纸、专门的衬纸等）。可以正压（一般正面朝下），可以侧压（半朵的样子），还可以仰脚压（仰着脸带花茎、花枝的样子）等。摆出想要的造型后，在花的上面盖上衬纱（以免干花粘连）、衬纸、海绵（海绵起缓冲作用，避免花卉由于快速失水而裂开）。至此完成一层，下一层以此类推。一般一套干燥板6块，可以压五层花。遇到水分较多且很厚的花材需要先用微波去除大部分水分，再用干燥板完成干燥。

③ 第三步是将干燥板放入密封袋，用绑带绑紧，把袋内空气挤干净放平即可。还可以在干燥板上面压上重物，比如砖块、石头、重一些的盒子和木头等。

④ 等待1~7天（需要时间可根据花材厚薄而定）后，便可将干花取出。

⑤ 干花遇到空气里面的氧气最易氧化吸水而变色；还有如果是强光也容易使得干花变色。所以保存干花要避免空气、防潮、防光线，可以用自封袋、密封箱、干燥箱等保存。

采用专业压花板压出来的干花一般色泽不会太失真。即便每步都做得很好，一部分花材的花和叶压干后还是会褐变、色彩不鲜亮，如茉莉花。遇这种情况可以给花染色（水彩颜料、丙烯颜料、纺织品颜料等，后两者遇液体不褪色但成本高，纺织品颜料较为环保），还可以用吸色的方法，使用吸色颜料，想要什么颜色，就将鲜花插入盛有这种颜色液体的杯子内，很多花材在一至几个小时就会按预期吸色。例如，将雪白的蕾丝花插入盛有稀释的红墨水的杯内，约经1.5小时花就由白色变为了红色。

适合压干的花卉有绣线菊、白晶菊、黄晶菊、香雪球、毛茛、三色堇、绣球花、飞燕草、秋英、波斯菊、石竹、黄秋英、玫瑰花、迷你玫瑰、蕾丝花、福禄考、康乃馨、鸽子花、满天星、珍珠梅、矢车菊、牡丹花、黄槐、红龙船花、橘黄龙船花、百日草、梅花、紫荆花、非洲菊、桃花、密叶决明、美女樱、水仙花、杏花、仙客来、海棠花、琴叶珊瑚、金银花、六倍利、巧克力、叶上金、猫爪花、鼠尾草、油菜花、小蔷薇、白菜花、萝卜花、韭菜花、勿忘我、山梗菜、杜鹃花、桂花等。

（2）微波压制（平面的干花）　微波压花准备花材的步骤如前面干燥板压制，只是用的是微波干燥器（或者是自制干燥器，用两块瓷砖、硬纸板、复合地板等），压制方法同上，绑紧后送入微波炉。一般时间设定不要太长，从二十几秒开始，逐步进行，直至花材九成干后再放入干燥板便可。

5. 干制设备

这里只对烘箱干燥和微波干燥操作做介绍。

（1）烤箱干制　大致分为以下几步：

① 准备鲜花，因烤箱火力较大，所以大一点的花和粗一点茎的花枝比较适合，如菊花、百日菊等。

② 剪出适当大小的铁丝网或细网格，将花枝从网孔中穿过，使花朵处于铁丝网上、茎部悬于下方。放入烤箱，设置较低的温度逐渐干燥花枝。此过程需持续几个小时，具体时间依花朵的特质而定。

③ 取出花朵，彻底干燥后放置冷却，晾至室温即可使用。

（2）微波干制

① 微波干制机理　微波干燥鲜花的机理是它的热效应。微波发生器将微波辐射到鲜花上，透入鲜花内，诱使鲜花中的水等极性分子从原来的随机分布状态转变为依照电场的极性排列取向，进而随微波的频率作同步同速旋转；由于极性分子高速运动和相互摩擦，瞬间产生摩擦热，从而导致鲜花的表面和内部同时升温，使大量的水分从鲜花溢出而被蒸发达到干燥鲜花的目的。在此干燥过程中水分蒸发和迁移同时进行，微波加热从内部产生热量，在鲜花内部迅速生成的蒸汽形成巨大的驱动力，产生一种泵送效应，驱动水分以水蒸气的形态移向表面，有时甚至产生很大的总压梯度，使部分水分还未来得及汽化就被排解到物料表面，因此干燥速度极快。同时由于蒸发作用表面温度比内部低，因而不必担心会造成物料表面过热而引致烧焦或内外干燥不均。

微波干燥鲜花，其干燥时间平均为传统干燥时间的十分之一，具有节约能源、加热均匀的特点及自动平衡干燥的功能。在处理过程中，与微波干燥效果密切相关的鲜花性质是表面积和比热容。比热容依不同的鲜花而异，而表面积与干燥速度呈正相关关系，因此要求干燥鲜花数量要适中。根据试验，较低频率的微波适合于干燥数量多的鲜花，但干燥时间稍长一些，品质略差；较高频率的微波适合于干燥数量少的鲜花（但必须满足其额定功率的工作条件），干燥时间短，品质好。由于微波具有内外同时加热的特性，使得水分大量蒸发且迅速，决定了微波在干燥初始阶段具有杀青定型的功能；而且随着功率的增加，杀青定型的时间明显减少，故能有效提高生产率。但并非功率越高、时间越短，品质就越好，应视不同的物料而定。对于体积较大的鲜花（如荷花等），定型效果明显；而对于体积较小的鲜花（如金银花等），则定型效果较差。

② 鲜花在干制过程中的变化　鲜花在干制过程中会出现变黄、变黑、变褐的现象，此称为褐变。其营养成分呈不同程度的变化，水分减量较大，糖分和维生素损失较多，矿物质和蛋白质较稳定。鲜花干制后，其体积和质量明显减小，干品体积约为鲜花的 50%～70%，质量约为原质量的 6%～20%。

③ 微波技术用于鲜花干制与传统加热方法的比较　由于微波加热具有时间短、速度快、均匀性好、易于控制等优点，使得干制鲜花产品在护色、营养成分保留及定型效果方面都显示出了无可比拟的优越性，且贮藏期得到延长，食用安全卫生。因此也使得干制鲜花产品在国内外市场尤其是国际市场中的竞争力得到了显著增强。

鲜花的微波干燥作为一项高新技术，以其独特的加热特点和干燥机理，为鲜花的干燥开辟了一条新途径。在未来几年中，微波技术将在完善自身技术方法和设备的同时，也会不断与其他干燥技术相结合，向着更广更深的方向发展，其应用前景非常广阔。

第三章 果蔬花卉干制的原料基础

03 Chapter

第一节 干制对果蔬原料的选择

一、干制原料要求

果蔬的加工方法较多，其性质相差较大，不同的加工方法和产品对原料的要求是不同的。优质高产、低耗的加工品，除受工艺和设备的影响外，更与原料的品质好坏以及原料的加工适性有密切的关系，在加工工艺和设备条件一定的情况下，原料的好坏就直接决定着制品的质量。

1. 果蔬原料总体要求

果蔬加工对原料总的要求除了要有合适的品种，还要求有适当的成熟度和良好、新鲜完整的状态。

① 蔬菜的成熟度是原料品质的重要指标之一。按其成熟度不同，可以划分为绿熟、坚熟、完熟三种。各种加工方法及制品对原料的成熟度有特定的要求，称为原料的工艺成熟度。果蔬原料只有达到工艺成熟度，才可能生产出质量高的制品。水果罐藏一般要求坚熟，此时果实已发育充分，有适当的风味和色泽，肉质紧密而不软。豆类在制罐时亦有严格的成熟度，例如豌豆若采收过早，豆粒太小，水分高，含糖低，质地软烂、口感差。蘑菇等食用菌采收过迟会出现开伞现象，降低质量和营养价值。总之果蔬的采收成熟度及采收要求由其品种特性和加工要求决定，通常可从如下几方面判断：果实表面的色泽变化；果肉与果皮的剥离程度；果肉的硬度；果肉的化学成分；种子的色泽；果实的密度；果梗的离层状况；果粉与蜡质的变化；生长期的长短或积温等。

② 新鲜、完整、饱满的状态是指加工所用的原料必须新鲜、完整，果蔬一旦发酸变化就会有许多微生物侵染，造成果蔬腐烂。强调果蔬原料的新鲜、完整和饱满还在于果蔬本身是活体，采后仍在进行一系列代谢活动，即其自身进行一系列的降解、合成作用。如青刀豆采后不立即加工，其豆荚纤维化速度很快，糖的含量减少。蘑菇等食用菌采后会迅速褐变变质。荔枝、杨梅及其他浆果采后也会迅速腐烂、软化。总之，果蔬加工要求从采收到加工的时间尽量缩短，如果必须放置或进行远途运输，则应有一系列的保藏措施。为了保持原料的新鲜、完整和饱满，在厂房的设备以及原料的种植和采收整个过程中都应综合考虑。采后，运输过程中应尽量避免伤害果蔬组织。

2. 不同种类果蔬干制原料要求和适宜品种

绝大多数蔬菜都可以用于干制加工。干制果蔬要求原物料有较高的干物质含量，水分低，大小合适；水果的糖酸含量高、风味好；废弃部分少；肉质厚而致密，粗纤维少；色泽好，褐变轻等。干制果蔬的种类有柿、枣、李、杏、杨梅、山楂、苹果、荔枝、龙眼、桂圆、葡萄；胡萝卜、茄子、辣椒、黄花菜、百合、竹笋、马铃薯、姜、洋葱、辣椒、甘蓝、白菜、花椰菜、南瓜、青豌豆等豆类及部分食用菌等。同种蔬菜，有的品种更适宜干制，如鳞茎为白色的洋葱和固形物含量高的绿色甘蓝。少数蔬菜因其特有的化学成分或组织结构而不适合干制，如石刁柏干制后会失去脆嫩品质，组织变得坚韧而不堪食用；黄瓜含水多，脆嫩清香，不宜干制；莴笋干制后口感风味不佳；番茄也因水分含量太高，在加工过程中汁液损失很大，即使用喷雾干燥法制造番茄粉，成品也会因吸湿性强而影响质量。

要使干制品品质优良，必须选用适宜的果蔬种类和品种。

（1）常见干制蔬菜的原料要求及适宜品种介绍如下。

生姜：原料要求新鲜，没有异味或硫黄味；正常生姜外表粗糙、较干，颜色发暗；外表太过光滑，非常水嫩，呈浅黄色的不好；姜皮太易剥落，掰开后，内外颜色差别较大不好。适宜品种有山东生姜、浙江红爪姜、云南小黄姜等。

南瓜：选用充分老熟的风味好的南瓜，皮较厚、硬，用手指甲划不破，表皮有较厚的蜡粉。适宜品种有黑皮南瓜、黄金南瓜、锦红一号等。

甘蓝：原料要求结球大而紧密，心部小，皱叶，干物质和可溶性糖含量高。适宜品种有黄绿色的大、小平头等。

蘑菇：原料要求菇体色白、肉厚，带韧性，菇盖直径 3 厘米以内，菇盖边缘内卷，略见菌褶或不见菌褶时采收。适宜品种有白蘑菇。

刀豆：原料要求青绿色、鲜嫩、肉质肥厚无筋，荚内种子尚未形成或仅现雏形。适宜品种有白花白籽、红花黑籽。

竹笋：原料要求色泽洁白，肉质柔软、肥厚、无显著苦涩味，竹尖外露地面17厘米左右时采收。适宜品种有毛竹笋。

马铃薯：选取新收获的马铃薯，表皮薄，芽眼小而浅，块茎大呈圆形或者椭圆形，无疤疤虫蛀，处理损耗少，肉质白或者淡黄色，干物质含量高（不低于21％），其中淀粉含量不超过18％。久藏的因其糖分高易褐变不宜干制。适宜品种有雄霸、巴达鲁德、爱尔莎、吉蒂等。

白菜：选取11～12月份收获的颜色深绿、质地脆硬、叶梗肥厚，且固形物与糖分含量相对较高的品种，如天津绿、胶州大白菜、泰安白菜等。

百合：选用新鲜洁白、片大、紧包的百合鳞茎，且无机械损伤、品质优良的作原料；剔除"千字头"（即鳞茎小而多、鳞片小且包而不紧）、虫蛀、黄斑、霉烂及表皮变红的百合。适宜的品种有卷丹百合、兰州百合、龙牙百合等。

金针菜（黄花菜）：选用充分发育而未开放的大花蕾黄花菜，最好在咧嘴儿前1～2小时采摘，花朵饱满结实、花蕾充分发育富有弹性且颜色鲜艳的黄色花材为宜，清晨时采摘质量好。适宜品种有沙苑金针菜、荆州花、茶子花、大乌嘴、大同黄花菜等。

花椰菜：选取新鲜嫩黄白花菜，要求无虫蛀、无人工或者机械伤疤，表面整洁，个头适中且周正的。适宜品种有福建80早、福农10号、瑞士雪球、荷兰雪球、洪都15号等。

尖辣椒：选取形状均匀，果面洁净，无黑斑虫蚀，具有本品种固有特征的辣椒，如二荆条、贵州子弹头辣椒、云南小米辣椒、四川七星辣椒、朝天辣椒等。

茄子：一般选取采摘不久的新鲜肥嫩、肉质致密的长茄子，无病虫害、无腐烂变质、无机械损伤。适宜品种有北京长茄、成都墨茄、黑又亮大长茄等。

藕：选择出品率高、产品外形平整、不会产生表面收缩现象的成熟白莲藕；不用紫色藕。无腐烂变质，孔中无严重锈斑，藕节完整。同时按藕径适当分级。适宜品种有杭州白花藕、海南洲藕、苏州花藕等。

黑木耳：露天的黑木耳多受气候条件影响，采摘时选取雨后晴天。成熟的黑木耳，叶片展开，边缘内卷，耳片富有弹性；耳片开始收边时进行采摘。为避免腐烂要及时烘制。采大留小，手捏木耳茎部轻轻摘取，切记不要撕破耳片。采摘后不能立即烘干的要晾晒，不能堆积，否则会影响干制品质。适宜品种有皱木耳、毛木耳、房耳等。

银耳：采摘耳片几乎完全展开（80％）、没有包心、白色呈半透明状、手感富有弹性的。采收前1～2天停止喷水，耳片稍稍收起，干爽。自然成熟采摘的干制后耳形自然和饱满。适宜品种有丑银耳、黄银耳、白银耳、原木银耳。

（2）常见干制果品的原料要求及适宜品种介绍如下。

芒果：选取成熟度在八九成的、新鲜饱满、无病虫害、无机械损伤、无腐烂变质的果实。内部组织结构最好是干物质含量高、纤维少、肉质厚嫩，核小而扁薄；外观色泽鲜黄，风味好。适宜品种有台湾金煌芒、台湾冻芒、花蜜芒、尖吻芒、愉香芒等。

苹果：选取新鲜充分成熟的苹果，果型大小中等，肉质紧密、皮薄；剔除病虫害果与腐烂果，避免机械损伤；单宁含量少，干物质含量高。适宜品种有国光、富士、红玉等。

山楂：选取色泽鲜艳、含水量低、酸甜可口、肉质紧密、直径在 20 毫米以上的果料，品种有大五棱、山里红、超金星等。

柿子：选取横直径大于 5 厘米的较大新鲜的圆形果实，成熟度好，色泽红润，肉质硬而不软，核较少或者没有核的品种，如火晶柿、磨盘柿、牛心柿等。

香蕉：选取新鲜的成熟度适中（太熟或者太青的都不适宜香蕉水果片加工）的、果实饱满，无软腐和压伤以及无病虫害等的果料。品种主要为那龙蕉。

枣：选取色泽亮丽、大小均匀、成熟度一致、皮薄、肉质肥厚的果料，核小含糖量高；整理除去裂口果、霉烂果、病虫果、有外伤果。适宜品种有吕梁木枣、鲁枣 12 号、圆铃枣、相枣、官滩枣等。

葡萄：选取充分成熟的果实，适时采摘，剔除过小和损坏的果粒。果粒皮薄、果肉柔软，一般糖分含量在 20% 以上的品种较适宜，如无核白、马奶、香妃红、玫瑰香、黑科林斯等。

樱桃：选取成熟度适中的果料。果粒大小均匀，柄短核小，色泽光亮，味甜，汁较少的品种较适宜，如金红樱桃、翅柄樱桃等。

梨：选取肉质柔软细嫩、石细胞少、含糖量高、果心小且香气浓郁的果料。常用于干制的品种有八梨、花梨、茄梨等。

荔枝：选取荔枝香味浓郁涩味淡、含糖量高且圆润较大、肉厚核小、干物质含量高、壳不宜较薄的果实。过熟、未熟、采摘放置太久的都不宜干制，否则容易发生凹果。适宜品种有怀枝、糯米糍等。

桃：采摘的果料成熟度在八九成，果实饱满、无软腐、无压伤、本身香气浓郁、纤维少、肉色金黄、果汁较少、肉质紧厚、含糖量高、果型大且离核的品种，如锦绣、罐 83、金童 5 号、黄金冠等。

青梅（青杏）：选取果料需要新鲜、个大、肉厚、核硬，成熟度约 5～6 成，无虫病，无伤疤，无机械损伤的青杏。多个品种适宜干制，如白粉梅、软枝大粒梅等。

火龙果：基本上红心火龙果比较圆、比较重的果汁多，果肉丰满；要选择胖胖的果型，成熟度好。表皮红色的地方越红越好，绿色的地方则较绿。品种有红龙果、紫水晶等。

无花果：采用个大、肉厚、刚熟而不过熟的无花果（成熟达八九成），这样制得的成品质量较好且成品率也较高。如四季无花果、海棠无花果、水蜜桃无花果等。

二、果蔬采收方法

果蔬的采收方法可分为人工采收和机械采收两大类。

① 人工采收。用手摘、采、拔，用采果剪剪，用刀割、切，用锹、镢挖等方法都是人工采收方法。作为鲜销和长期贮藏的果蔬，最好人工采收。人工采收可以做到轻拿轻放，减少机械损伤；另外，果蔬生长情况复杂，成熟度很难均匀一致，人工采收可以边采边选，分期采收，这样既不影响果蔬的产量，又保证了采收质量。

目前世界上很多国家和地区都采用人工采收，即使用机械，同样要有手工操作相配合。

具体的采收方法应根据果蔬的种类而定。如仁果类和核果类果实成熟时，果梗和果枝之间产生离层，采收时以手掌将果实向上托，果实即可自然脱落（注意防止折断果梗）；果柄与果枝结合牢固的葡萄、枇杷等成穗的果实，可用果剪齐穗剪下；柑橘类果实一般采用一果两剪法，即第一剪距果蒂1厘米处剪下，第二剪齐萼剪平，做到保全萼片不抽心、一果两剪不刮脸；香蕉采收时，用刀切断假茎，扶住母株让其轻轻倒下，再按住蕉穗切断果轴；柿子采收用修枝剪剪取，要保留果柄和萼片，果柄要短，以免刺伤果实；枣、山楂等小型果实，可摇动树枝使之脱离，但长期贮藏的最好用手摘；坚果类的核桃、板栗可用竹竿打落。

地下根茎菜类的采收都用锹或锄挖，有时也用犁翻，但要深挖，否则会伤及根部，如胡萝卜、萝卜、马铃薯、芋头、山药、大蒜、洋葱等；山药的块根较细长，采收时要小心，以免折断；有些蔬菜用刀割，如石刁柏、甘蓝、大白菜、芹菜、西瓜和甜瓜等；菜豆、豌豆、黄瓜和番茄等用手采摘。

② 机械采收。机械采收的效率高，可以节省很多劳力，适用于在成熟时果梗与果枝之间形成离层的果实。一般使用强风压或强力振动机械（用一个器械夹住树干并振动）迫使果实脱落，在树下布满柔软的帆布传送带，以盛接果实，并自动将果实送至分级包装机内。

目前，美国使用机械采收樱桃、葡萄和苹果，采收效率高，与人工采收相比，上述三种产品机械采收的成本分别降低 66%、51% 和 43%。对于地下根茎类蔬菜如马铃薯、洋葱、胡萝卜等，国外已开始用挖掘机采收，并配有收集器、运输带等，边采边运。豌豆、甜玉米等都可机械采收，但要求成熟度大体一致。

机械采收前也常常喷洒果实脱落剂如放线菌酮、维生素 C、萘乙酸等，用以提高采收效率。此外，采后及时进行预处理可将机械损伤减小到最低限度。

第二节　果蔬干制的预处理

在制作同一种食品时如果每种原料粒度范围不一样就达不到良好的口感，而且各种果蔬原料来自不同的地域环境，会受到土壤、尘埃、微生物、农药以及在配送过程中的各种污染。

果蔬加工前的预处理，对其制成品的生产影响很大，如处理不当，不但会影响产品的质量和产量，并且会对以后的加工工艺造成影响。所以为获得优质的干制品必须进行相应的预处理。果蔬干制品加工前的预处理包括选别、分级、洗涤、去皮去核、修整、切分、漂烫、护色等基本工序。在这些工序中，去皮后还要对原料进行各种护色处理，以防果蔬原料变色而使品质变劣。尽管果蔬种类和品种各异，组织特性相差很大，加工方法也有很大差别，但加工前的预处理过程却基本相同。

1. 原料的选别、分级与清洗

进厂的原料绝大部分含有杂质，且大小、成熟度有一定的差异。果蔬原料选别和分级的目的是剔除不合乎加工要求的果蔬，包括未熟或过熟的、已腐烂或长霉的，以及清洗、挑选果蔬内的砂石、虫卵和其他杂质，按不同的大小和成熟度进行分级。

选别即剔除虫蛀、霉变和伤口大的果实，对残次果和损伤不严重的则先进行修整后再应用。果蔬的分级包括大小分级、成熟度分级和色泽分级几种，视不同的果蔬种类及这些分级对果蔬加工品的影响而分别选一项或多项。成熟度分级常用目视估测的方法进行。在果蔬加工中，桃、梨、苹果、黄瓜、芦笋、竹笋常常要进行成熟度分级；色泽分级常按色泽的深浅进行；大小分级按果蔬的大小、长短、粗细进行。分级的方法有手工分级和机械分级两种，手工分级常配备简单的辅助工具，如圆孔分级板、蘑菇大小分级尺等。无论是手工分级还是机械分级，都要尽量避免损伤果蔬组织。

原料清洗的目的在于洗去果蔬表面附着的灰尘、泥沙和大量的微生物以及部分残留的化学农药，保证产品的清洁卫生，从而保证制品质量。

洗涤对于除去果蔬表面的农药残留也有一定的意义。对于有农药残留的果蔬，洗涤时常在水中加化学洗涤剂，常见的如盐酸、醋酸，有时用氢氧化钠等强碱以及漂白粉、高锰酸钾等强氧化剂，可除去虫卵，减少耐热菌芽孢，也有一些脂肪酸系的洗涤剂如单甘油酸酯、蔗糖脂肪酸酯等可应用于生产中。

常用的清洗设备有鼓风式清洗机、滚筒式清洗机、喷淋式清洗机、XGJ-2型洗果机、桨叶式清洗机等。

2. 果蔬的去皮和去核

果蔬（大部分叶菜类除外）外皮一般口感粗糙、坚硬，虽含有一定的营养成分，但口感不良，对加工制品均有一定的影响。去皮时要求去掉不可食用或影响制品品质的部分，但不可过度，否则会增加原料的消耗。果蔬去皮的方法有人工去皮、机械去皮、碱液去皮（化学去皮）、热力去皮、真空去皮等，此外还有研究中的酶法去皮、冷冻去皮等。

① 人工去皮因去皮干净、物料损耗较少、工具费用低以及操作过程中还可以对物料进行修正等，所以应用较为广泛。不利的一面是工作效率低。此法是利用一些特制刀具、刨等工具人工削皮，常应用于柑橘、苹果、芦笋、竹笋、瓜类等果蔬，尤其适合一些质量不一致的果蔬原料。

② 机械去皮是运用一些机器对果蔬去皮，主要适用于一些外形较为规则的质量一致的物料，具有一定的局限性。其优势是产品质量较好，工作效率较高；劣势是机械去皮往往去皮的同时也会将一些果肉去掉，原料产出率低，而且去皮不够彻底，需要人工再次修整。

目前常见的去皮设备有旋皮机、离心擦皮机、专用去皮机械等。旋皮机是采用特制的机械刀具将果蔬皮旋掉，此法的优缺点分别是工作效率高，但去皮的物料表面不够光滑。它也可与热力去皮联合使用，例如对甘薯去皮，可先加热再去皮。一般适用于菠萝、梨、柿子、苹果等较大型水果。离心擦皮机是利用转筒、滚轴等产生摩擦力将果蔬表皮擦去，适用于胡萝卜、马铃薯、芋、甘薯等物料。专用去皮机械则适用于菠萝、青豆、黄豆等。对于菠萝有专门的去皮、切端、捅心以及从切下的果皮上挖出果肉的专用机械。

③ 碱液去皮（化学去皮）是果蔬原料去皮中应用最广的方法之一。其原理是利用碱液的腐蚀性来使果蔬表面的中胶层溶解，从而使果皮分离。有些种类的果蔬，其果皮与果肉的薄壁组织之间主要是由果胶等物质组成的中层细胞，在碱的作用下，此层易溶解，从而使果蔬表皮剥落。碱液处理的程度也由此层细胞的性质决定，只要求溶解此层细胞，这样去皮合适且果肉光滑，否则就会腐蚀果肉，使果肉部分溶解、表面毛糙，同时也增加原料的消耗定额。

碱液去皮常用的碱是氢氧化钠，此物质腐蚀性强且价廉。也可用氢氧化钾或其与氢氧化钠的混合液。为了帮助去皮可加入一些表面活性剂和硅酸盐。碱液的浓度、处理的时间和碱液的温度为三个重要参数，应视不同的果蔬原料种类、成熟度和大小而定。碱液去皮的处理方法有浸碱法和淋浸法两种。

④ 热力去皮是果蔬先用短时间的高温处理，使之表皮迅速升温而松软，果皮膨胀破裂，与内部果肉组织分离，然后迅速冷却去皮。此法适用于成熟度高的桃、杏、枇杷、番茄、甘薯等。

⑤ 真空去皮是将成熟的果蔬先行加热，使其升温后果皮与果肉易分离，接着进入有一定真空度的真空室内，适当处理，使果皮下的液体迅速"沸腾"，皮与肉分离，接着破除真空，冲洗和搅动去皮。此法适用于成熟的果蔬如桃、番茄等。

⑥ 冷冻去皮是将果蔬在冷冻装置达轻度表面冻结，然后解冻，使皮松弛后去皮，此法适用于桃、杏、番茄等。

⑦ 酶法去皮的条件温和，产品品质好。其重点是掌握好酶的浓度及其最佳作用的条件，如时间、温度、pH 值等。例如可利用果胶酶使柑橘囊瓣的果胶水解褪去囊衣，即在 $35 \sim 40 ℃$ 将柑橘囊瓣放入 1.5% 的 703 果胶酶液体中，pH $0.2 \sim 1.5$，需时 $3 \sim 8$ 分钟，就可去除囊衣。

⑧ 表面活性剂去皮法优于化学去皮法，其用于柑橘去除囊衣效果明显。作用机理是降低物料果皮的表面张力，然后经过湿润、渗透、乳化及分散等达到迅速去皮的效果。例如温控在 $50 \sim 55 ℃$ 时，将柑橘瓣放入 0.4% 的 $NaOH$、0.4% 的三聚磷酸钠和 0.05% 的蔗糖脂肪酸酯的混合液中，只需 2 秒就可去皮。

⑨ 水果去核有专用的小型工具，如刺孔器（金橘、梅）和去核器（山楂、枣）；也有大型机械，如部分分割式去核机、捅干式去核机等。

果蔬去皮去核方式方法很多，各有优劣，生产中需根据实际情况选用。一些物料品种多法联合使用效果更佳。

3. 原料的切分、去心（核）、修整、破碎

体积较大的果蔬原料在罐藏、干制、加工时，为了保持适当的形状，需要进行切分，切分的形状根据产品的标准和性质而定。核果类加工前要去核、仁果类则需去心。

常用的切分方法与设备有人工切分、机械切分和多功能切片机、劈桃机、果蔬切丁机、离心式切片机、蘑菇定向切片机以及专用切片机等。一般家庭自制、小型企业多采用人工切分，大型企业生产基地会用机械切分。

① 专用切片机。如可将菠萝切为圆片或者是扇片的菠萝切片机、青刀豆切

端机、甘蓝切条机，还有蘑菇定向切片机等。

② 劈桃机。利用圆锯把物料劈成两半。

③ 果蔬切丁机。主要功能是将各种果蔬物料切条或者切块。

④ 多功能切片机。机器备有可更换式组合刀具，可据需求选取不同刀具，以满足不同品种果蔬切条、切块或者是切片的需要。

⑤ 离心式切片机。该机器适用范围较广，生产能力大，各类果蔬包括叶菜以及块茎类都可以使用。主要是利用变换不同结构和形状的刀片，将物料切成各种形状，如 V 形丝、波纹片、平片等。

4. 果蔬的漂烫

漂烫是一种传统的预处理方法，生产上常称预煮（热烫）。漂烫的环节很重要，直接影响成品的质量。漂烫分为热水法和蒸汽法两种，即将已切分的或经其他预处理的新鲜原料放入沸水或热蒸汽中进行短时间的处理，其主要目的在于：加热钝化酶，增加细胞通透性，改善风味、组织和色泽；软化或改进组织结构，排除空气；稳定和改进色泽；除去果蔬的部分辛辣味和其他不良味道；降低果蔬中的污染物和微生物数量。一般漂烫热水温度控制在 90℃ 以下，各种物料所需时间根据其性质而定，需要考虑各种物料的大小、块形及其工艺等。一般烫至组织较透明，半生不熟，失去新鲜状态下的硬度而又不像熟透了那样柔软即可。

一些果蔬漂烫的适宜条件为：菊花热水热烫 50 秒，甘蓝、白菜（切丝）、菠菜、青豌豆热水中热烫 1～1.5 分钟，南瓜热水热烫 1～3 分钟，胡萝卜（薄片）、青椒、芹菜热水中热烫 2～3 分钟，芦笋、甜椒热水中热烫 2～4 分钟，藕热水热烫 3～5 分钟，茄子加 0.2% 亚硫酸钠溶液热烫 3～5 分钟，卷心菜热水热烫 3～4 分钟，青豆在 5% 的食盐水中热烫 3～7 分钟，花椰菜在热蒸汽中热烫 4～5 分钟，生姜热水热烫 5～6 分钟，豇豆热水中热烫 6～8 分钟，梨加 1.0%～1.5% 的食盐和 0.2%～0.3% 的抗坏血酸溶液热烫 5～10 分钟，桃热水热烫 5～10 分钟，马铃薯热水热烫 10～20 分钟。

每种方法都有其优缺点，热水漂烫升温速度快，受热均匀，方法简单，但是一般会有 10%～30% 的可溶性物质和维生素损失。如果能重复利用漂烫的液体，可适当减少物料成分流失。蒸汽法漂烫则可避免物料成分的大量损失，但是对设备要求较高，否则会导致物料受热不均匀，成品品质差。

5. 工序间的护色

果蔬去皮和切分之后，与空气接触会迅速变成褐色，从而影响外观，也破坏了产品的风味和营养品质。这种褐变主要是酶促褐变，是由果蔬中的多酚氧化酶氧化具有儿茶酚类结构的酚类化合物，最后聚合成黑色素，形成褐变。其关键的作用因子有酚类底物、酶和氧气。因为底物不可能除去，一般护色措施均从排除氧气和抑制酶活性两方面着手，在加工预处理中的一些做法如下所述。

① 食盐水护色。将去皮或切分后的果蔬浸于一定浓度的食盐水中，原因是食盐对酶的活力有一定的抑制和破坏作用；另外，氧气在盐水中的溶解度比在空气中的小，故有一定的护色效果。蔬果加工中常用 1%～2% 的食盐水护色，桃、梨、苹果、枇杷及食用菌类均可采用此法。蘑菇使用近 30% 浓度的盐渍并护色。用此法护色应注意漂洗干净食盐，特别是对于水果更为重要。

② 亚硫酸盐溶液护色。亚硫酸盐既可防止酶褐变，又可抑制非酶褐变，效果较好。常用的亚硫酸盐有亚硫酸钠、亚硫酸氢钠和焦亚硫酸钠等。

③ 酸溶液护色。酸性溶液既可降低 pH 值、降低多酚氧化酶活性，而且由于氧气的溶解度较小而兼有抗氧化作用，并且大部分有机酸还是果蔬的天然成分，所以此法优点甚多。常用的酸有柠檬酸、苹果酸或抗坏血酸，但后两者费用较高，故除了一些名贵的果品或在速冻时加入果品外，其余生产上一般采用柠檬酸，浓度在 0.5%～1% 左右。

④ 调节 pH 值防止褐变，添加某些酸，如磷酸、苹果酸、柠檬酸等一般 pH 值在 3.0 以下，可使酚酶完全丧失活性，但是会使成品口感较酸，影响成品质量。可将各种酸混合使用。

⑤ 控氧。通过控制物料或者成品接触空气里的氧气来防止酶促褐变。在干制品生产过程中，可将已经切开的果蔬花卉物料浸泡在糖液、盐液或者是清水中，以隔绝空气中的氧气。

6. 冷却

烫漂结束后应立即冷却（水冷或冰水冷），以避免预热处理的余热对产品质量有影响。一般采用流动水漂洗冷却或者是冷风冷却，冷却时间越短越好。

7. 沥干

冷却后，蔬菜表面会滞留一些水滴，这对冻结是不利的，容易使冻结后的蔬菜结成块，不利于下一步真空干燥。冷却后，为缩短烘干时间，可用离心机甩干，也可用简易手工方法压沥，待水沥尽后，就可摊开稍加晾晒，以备装盘烘烤。

8. 冻结

沥干后的物料快速冻结，冻结温度一般在 -30℃ 以下，为下一步真空干燥做好准备。

9. 真空干燥

预冻后的蔬菜放入真空容器，借助真空系统将窗口内压力降到三相点以下，由加热系统供热给物料，使物料水分逐渐蒸发，直到干燥至水分终点为止。

10. 分检计量

冷冻干燥后的产品应立即分检，剔除杂质及等外品，并按包装要求准确称量，入袋待封口。

第三节　花卉干制的原料基础

花卉原料的采收是园艺产品的最后一个环节，也是干制花卉的第一个环节。花卉物料的采收操作直接影响储运损耗和后期加工的品质。花卉在适宜的时间采收能更长时间地保持新鲜状态。雨天和露水未干不宜采收，高温时段亦不宜采收。一般分为人工采收和机械采收。人工采收劳动量大、速度慢，但成本低，须注意避免对花朵的损伤。机械采收劳动量小、速度快，但成本较高，同样也有机械损伤。因此，无论是人工还是机械采收都要注意避免花卉损伤，因为会影响到干制后的品质。

为保证干制品的品质，鲜花的采收须保证新鲜（如新鲜的花苞和半开的花等）、饱满、完整、卫生等基本品质，而且应立即进行再加工，以免变质。常见的可干制的花卉有菊花、茉莉花、金莲花、桂花、蔷薇、秋海棠、月季、玫瑰花、黄花菜、勿忘我、芦花等。

第四节　食品添加剂

食品添加剂是为改善食品品质和色、香、味，以及为防腐和加工工艺的需要而加入食品中的化学合成物或天然物质，营养强化剂、食品用香料、胶基糖果中基础剂物质、食品工业用加工助剂也包括在内。食品添加剂大大促进了食品工业的发展，并被誉为现代食品工业的灵魂，这主要是它给食品工业带来了许多好处。

① 防止变质。如：防腐剂可以防止由微生物引起的食品腐败变质，延长食品的保存期，同时还具有防止由微生物污染引起的食物中毒作用。又如：抗氧化剂可阻止或推迟食品的氧化变质，以提高食品的稳定性和耐藏性，同时也可防止可能有害的油脂自动氧化物质的形成。此外，还可用来防止食品，特别是水果、蔬菜的酶促褐变与非酶褐变。这些对食品的保藏都是具有一定意义的。

② 改善感官。适当使用着色剂、护色剂、漂白剂、食用香料以及乳化剂、增稠剂等食品添加剂，可以明显提高食品的感官质量，满足人们的不同需要。

③ 保持营养。在食品加工时适当地添加某些属于天然营养范围的食品营养强化剂，可以大大提高食品的营养价值，这对防止营养不良和营养缺乏、促进营养平衡、提高人们健康水平具有重要意义。

④ 方便供应。市场上已拥有多达 20000 种以上的食品可供消费者选择，尽管这些食品的生产大多通过一定的包装及不同的加工方法处理，但在生产过程中，一些色、香、味俱全的产品，大都不同程度地添加了着色、增香、调味乃至其他的食品添加剂。正是这些众多的食品，尤其是方便食品的供应，给人们的生活和工作带来极大的方便。

⑤ 方便加工。在食品加工中使用消泡剂、助滤剂、稳定和凝固剂等，有利于食品的加工操作。

⑥ 其他特殊需求。食品应尽可能满足人们的不同需求。例如，针对糖尿病人可用无营养甜味剂或低热能甜味剂，如三氯蔗糖或天门冬酰苯丙氨酸甲酯制成无糖食品供应。

中国商品分类中的食品添加剂种类共有 35 类，包括增味剂、消泡剂、膨松剂、着色剂、防腐剂等，含添加剂的食品达万种以上。其中，《食品安全国家标准 食品添加剂使用标准》（GB 2760—2024）和卫健委公告允许使用的食品添加剂分为 23 类，共 2400 余种，制定了国家或行业质量标准的有 364 种，主要有酸度调节剂、抗结剂、消泡剂、抗氧化剂、漂白剂、膨松剂、胶基糖果中基础剂物质、着色剂、护色剂、乳化剂、酶制剂、增味剂、面粉处理剂、被膜剂、水分保持剂、营养强化剂、防腐剂、稳定剂和凝固剂、甜味剂、增稠剂、食品用香料、食品工业用加工助剂、其他等 23 类。

食品添加剂的使用必须符合我国的《食品安全国家标准 食品添加剂使用标准》（GB 2760—2024）。

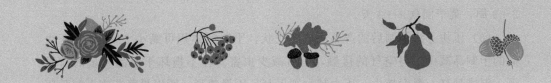

第四章 干制品综合管理与安全分析

04 Chapter

第一节 干制品的包装与储藏

干制品的品质与耐藏性不仅与果蔬花卉的采收、预处理以及干制加工的各道工序有关，还与包装质量、贮藏运输等的环境条件与技术有关。

一、包装

1. 干制品包装前的处理

干制并不能将微生物全部灭杀，而只能抑制它们的活动。干制品并非无细菌，遇到适宜的环境条件如温暖潮湿的环境、利于呼吸的空气等，细菌就会生长繁殖。一般经过干制后的制品需做如下处理：

（1）分级挑选 分级挑选的目的是使干制品合乎规格标准。通常干制品分为合格品、半成品和废弃品三个等级。有固定在木质分级台上分级，也有在传送带上进行分级的，还有利用常用的振动筛进行筛选分级，筛落的物质做他用，碎屑也就成为损耗；筛出大小合格的干制品还需在速度为 3～7 米/分钟的传送带上进行人工挑选，剔除过大或者过小、结块或者有残缺、有杂质或者变色以及太湿的劣质品。

（2）回软 又称为均湿、发汗或者水分均衡。它是食品加工中常用的工序之一，在脱水干制蔬菜中比较常见。干制后的产品比较焦脆，水分不均匀，贮存于一个湿度合适、温度为基本温度的场所，干制品内部与外部水分转移，使各部分水分均匀，焦脆的地方逐渐变得柔软，此过程即回软。这样便于产品的包装和运输。不同果蔬的干制品回软所需时间也不同，一般少的需 1～3 天、多的需要

2～3周，菜干回软1～3天。

（3）压块　将干制后的产品压成砖块状，干制后体积可缩小3～7倍。压块后的干制品减少了与空气的接触，也可减少虫害。在不损坏干制品质量的前提下，温度越高、湿度越大、压力越大则干制品压得越紧，所以果蔬花卉干制品压块要在干燥后趁热进行。压块时为了减少破碎，需喷蒸汽，那么压块后的干制品所含水分可能超过预定的标准，影响耐藏性，所以压块后要做最后干燥。如压块后水分含量约在6%，可把等重量的生石灰和干制品放在一起，经过2～7天水分可降至5%以下。

（4）防虫　果蔬花卉干制品常有虫卵混杂，特别是自然干制品。一般情况下包装干制品的容器密封后，在低水分情况下虫卵很难生长，但包装破损泄漏后，就算孔眼很小昆虫也能自由出入。当生长条件适合时它们就会生长，侵害干制品，造成损失。因此，为了防止虫害侵袭，包装前要做灭虫处理。可用隔绝空气法、低温冷冻法、热力杀虫、熏杀法等来灭虫防虫。

（5）环境因素　空气湿度、温度、光线对干制品的储藏和运输都有影响。干制品适宜储藏在光线较暗、比较干燥的环境里。一般0～2℃最好，但是不能超过10～14℃，也就是说温度越低越适宜保存，保质期越长。

2. 包装要求

干制食品的包装宜在低温、干燥、清洁和通风良好的环境中进行，最好能进行空气调节并将相对湿度维持在30%以下。包装间和工厂其他部门相距应尽可能远，门、窗应装有窗纱，以防止室外灰尘和害虫侵入。干制食品的保藏期受包装的影响极大，大致遵循以下包装要求：

① 能防止干制食品吸湿回潮，避免结块和长霉；包装材料在90%相对湿度中，每年水分增加量不超过2%。

② 贮藏、搬运和销售过程中具有耐久牢固的特点，能维护容器原有特性，包装容器在30～100厘米高处落下120～200次而不会破损，在高温、高湿或浸水和雨淋的情况下也不会破烂。

③ 与食品相接触的包装材料应符合食品卫生要求，无毒、无害，并且不会导致食品变性、变质。

④ 能防止外界空气、灰尘、虫鼠和微生物以及气味等进入。

⑤ 能不透外界光线或避光。

⑥ 包装的大小、形状和外观应有利于商品的销售。

⑦ 包装费用应做到低廉或合理。

⑧ 对于防湿或防氧化要求高的干制品，除包装材料要符合要求外，还需要

在包装内另加干燥剂或结合充氮气、抽真空等措施；干燥剂一般包装在透湿的纸质包装容器内以免污染干制品，同时能吸收密封容器内的水蒸气，逐渐降低干制品的水分。

3. 常用的包装器材

（1）塑料袋和盒　多年来供零售用的干制食品常用玻璃纸包装，现在开始用涂料玻璃纸袋以及塑料薄膜袋和复合薄膜袋包装。简单的塑料袋如聚乙烯袋和聚丙烯袋包装使用最为普遍。也常采用玻璃纸-聚乙烯-铝箔-聚乙烯组合的复合薄膜材料。用薄膜材料做包装所占的体积小、轻便，它可供真空或充惰性气体包装之用。对于易碎干制品，充气包装可以避免运输和贮藏过程中干制品受压破碎或包装袋被坚硬干制品刺破。复合薄膜中的铝箔具有不透光、不透湿和不透氧的特点。

（2）金属罐　金属罐是包装干制食品较为理想的容器。它具有密封、防潮、防虫以及牢固耐久的特点，并能避免在真空状态下发生破裂，可保护干制品不受外力的挤压，维持原有形状。金属罐是干制果蔬花卉粉的必备包装，具有密封、防潮、防虫、防氧化等优点，但是成本费用较高。

（3）纸箱和纸袋　纸箱、纸盒和纸袋是干制品常见的包装容器。常在容器内（外）铺一层防潮材料，如羊皮纸、涂蜡纸、纤维膜、玻璃纸或铝箔以及具有热封性的高密度聚乙烯塑料袋，以后者较为理想。这类包装的缺点是易受潮和受害虫侵害。

（4）玻璃瓶　玻璃瓶化学稳定性高，是防虫和防湿的容器，有的可真空包装。玻璃瓶包装透明，可以看到内容物，并保护干制食品不被压碎，也可被加工成棕色而避光，可以回收再利用，可以制成一定的形状；但容易破碎，重量相对增加。

（5）竹篓和麻袋　这类包装器具过去用得较多，因包装后干制品易吸水分、生虫、氧化变质等，缩短保质期，所以目前使用较少。

干制品包装方法主要有普通包装、充气包装和真空包装等。

二、储藏

合理包装后的干制食品受环境因素的影响较小，未经特殊包装或密封包装的干制食品在不良环境下容易发生变质。

对于经过包装的干制食品，虽然有了相应的包装保护，但由于包装材料本身的隔氧、隔气和阻光性能的差异或者密封性的不足，如要长期保藏，还需要注意储藏条件，良好的储藏环境是延长和保证干制食品贮藏性的重要因素，特别要考虑储藏温度。因为一切反应无论是氧化还是褐变都是随温度的升高而加快，随时间的延长而增加。如高温贮藏会加速高水分乳粉中蛋白质和乳糖之间的反应，从而导致产品的颜色、香味和溶解性发生不良变化。而在一定范围内温度每增加10℃，干制蔬菜的褐变速度就会增加3～7倍。当温度较高又有光线时能促进很多化学反应，能促使干制品变色和失去香味，如光照条件下会导致乳粉脂肪氧化、蔬菜中类胡萝卜素褪色。

储藏干制食品的库房要求清洁卫生、通风良好、不能密封，具有防鼠设施，切忌同时存放潮湿、有异味的其他物品。在储藏仓库内堆放装箱的干制食品时，一般以总高度 2.0～2.5 米为限，箱堆要离开墙壁 30 厘米，堆顶离天花板（如果有的话）至少 80 厘米，保证充足的自由空间，利于空气流通。

总之，干制食品必须储藏在光线较暗、干燥和低温的地方。储藏温度越低则干制食品的保存期越长，以 0～2℃最好，一般不宜超过 10～14℃。空气越干燥越好，相对湿度最好在 65％以下。干制食品如用不透光包装材料包装，则光线不再是重要因素，因而就不必储存在较暗的地方。此外，要注意防潮或防雨，防止虫鼠咬啮，这些都是干制食品储藏中保证品质的重要措施。

第二节　干制品的复水、选择及卫生标准

一、干制品的复水

许多干制品一般都要经复水（重新吸收水分，恢复原状）后才食用。干制品复水后恢复原来新鲜状态的程度是衡量干制品品质的重要指标。干制品重新吸收水分后在重量、大小和形状、质地、颜色、风味、成分、结构等方面应该类似新鲜或脱水干燥前的状态，但不会 100％恢复原状。在这些衡量因素中，一些可用数量衡量，而另一些只能用定性方法。复水率依品种、成熟度、干燥方法等不同而不同。

二、优质干制品的选择

优质的干制品外表平整完好、均匀、干爽、色泽正常、无霉点及无虫蛀杂质等，这是可外观的品质。还有各种营养成分含量，包括含水量，多数脱水（或干制）水果含水量为 14％～24％；脱水（或干制）蔬菜含水量为 5％～10％。

三、干制品的卫生标准

干制品要符合以下卫生标准：

① 原料要求按国家果蔬花卉卫生标准执行，原料最好在 24 小时内加工，以免对干制品品质造成不良影响。

② 干制品加工厂选址和厂内设计符合食品厂卫生要求，生产环境整洁无污染，生产区内路面应硬化、地面要绿化。

③ 接收原料区应与生产和包装区隔离；生产区域应与生活区域彻底隔离；储存、生产和包装产品的区域与不可食用材料区域相隔离；生产区域内有防晒、防尘、防鼠设施；厕所水冲式，与车间间隔一段距离，不应与车间门口相对。

④ 应有原料暂存与预处理车间，以及干制车间、包装车间，以免交叉污染。不同功能车间按工艺流程设置，与人流分开。

⑤ 所有与原物料直接接触的设备和工具，其表面的构成材料应符合卫生要求，禁止用铁铜等材料制成切分设备，且便于拆洗，须定期检查各部分性能并进行维护保养。真空冷冻脱水冻结设备能满足快速冻结的要求，必须达到真空要求和快速升华要求。热风脱水设备温度、湿度显示应正确且便于调节。

⑥ 制定人员、设备、原材料的卫生管理制度，定期检查。车间门口处与车间相连的地方要设置更衣室、自动洗手设施、消毒池，进入车间应先更衣、洗手、消毒，走过消毒池。物料预处理车间排水畅通，无积水。干制脱水工艺要求各车间相对密封，湿度低于 60%，空气净化，阳光充足。空气质量达到食品安全要求。生产人员需有健康证明，应一年体检一次，需要时临时体检。生产用水符合生活饮用水卫生标准（GB 5749—2022），包装符合《食品安全国家标准 预包装食品标签通则》（GB 7718—2011）。

第三节 干制品的危害分析

合乎质量要求的干制品其具有营养价值是一定的，但果蔬花卉干制后无论是外观、组织结构、风味都会发生变化，同样营养成分，如蛋白质、碳水化合物、脂肪、各种维生素等也会发生变化。如：①物料含水量很高，骤然与热空气相遇，组织内汁液迅速膨胀，易使细胞壁破裂，物料内成分流失；②所含糖分和其他有机物因高温而发生分解或焦化，有损干制品的外观和风味；③干制初期若高温低湿很容易造成物料表面结壳，反而影响水分的蒸发，在干制脱水过程中尤其对一些富含糖分和芳香物质的物料，应特别控制好脱水干燥介质温度。

除以上所述，还有为了延长其保质期，使其吃起来味道更好，如水果制品在加工生产过程中会使用食品添加剂，而一旦添加剂添加过量，则会对人体造成一定的危害。二氧化硫、甜蜜素是制作水果干制品的两种主要添加剂，如果添加过量就会有危害。

水果制品中食品添加剂应用最普遍的是具有漂白和防腐作用的二氧化硫，它被称为"食品中的化妆品"。根据《食品安全国家标准　食品添加剂使用标准》（GB 2760—2024）中的规定，水果干类产品二氧化硫残留量不得超过 0.1 克/千克，蜜饯凉果类二氧化硫残留量不得超过 0.35 克/千克。国际上多个国家和地区都对二氧化硫的使用有明确的规定。国际食品添加剂联合专家委员会（JECFA）制定的二氧化硫每日允许摄入量（ADI）为 0～0.7 毫克/千克体重。

二氧化硫进入人体后最终转化为硫酸盐并随尿液排出体外，少量二氧化硫进入人体不会对身体健康带来危害，但部分商贩为了使产品美观、"卖相"更好，过度使用了二氧化硫，从而造成二氧化硫严重超标。长期超限量接触二氧化硫可能导致人类呼吸系统疾病及多组织损伤，对人体造成危害。

想要避免吃到二氧化硫超标的食品，消费者要树立理性的消费观念，以正确心态选购食品。一是避免过度追求食品的"颜值"，如色泽过分鲜亮的果、蔬干制品等。二是尽量选择在正规卖场和超市购物，购买散装干制品时，首先要闻气味，有明显刺鼻气味的干制产品，含有超限量二氧化硫的概率较高，要谨慎购买。三是要学会看标签。按照《食品安全国家标准　预包装食品标签通则》（GB 7718—2011）的规定，只要在食品中使用了二氧化硫就必须在食品标签上进行标识。消费者在选购之前，可以通过研读食品标签辨别该食品中是否添加了二氧化硫。

甜蜜素也是食品生产中常用的添加剂，它是一种常用的甜味剂，我国《食品添加剂使用标准》（GB 2760—2024）中明确规定，在腌制的蔬菜中，最大使用量不超过 1.0 克/千克；配制酒、糕点、饼干、面包、雪糕、冰激凌、冰棍、饮料范围内使用，其最大使用量为 0.65 克/千克；在蜜饯、凉果中使用，其最大使用量为 8.0 克/千克。蜜饯如添加适当，含在嘴里甜味绵长，回味性好，但过量添加会有股苦涩味和金属味。

据了解，甜蜜素的甜度是蔗糖的 30～40 倍，消费者如果经常食用甜蜜素含量超标的饮料或其他食品，就会因摄入过量对人体的肝脏和神经系统造成危害，特别是对代谢排毒能力较弱的老人、孕妇、小孩危害更明显。

零食种类繁多，很多人认为近年流行的"脱水蔬果干"应该算是健康零食；

但营养师却发现，坊间部分蔬果干以油炸脱水方式加工。这种加工方式会使果干油脂含量增多，以香蕉片来说，每 100 克就含有 374 千卡热量，相当于吃了 4～5 根香蕉，约等于 20 碟蔬菜；苹果片每 100 克也含有 297 千卡热量，等于吃了 6 颗苹果；蔬菜片每 100 克含有 472 千卡热量。同时在其加工后部分营养成分有所流失，南京质检院国家质检中心检测显示，菠萝蜜干和柿饼中未检出维生素 C。

第五章 蔬菜的干制加工实例

05 Chapter

第一节 茄果类蔬菜的干制

一、番茄的干制

番茄（*Solanum lycopersicum*）又名西红柿、洋柿子，属于茄科茄属，一年生或多年生草本植物，原产南美洲安第斯山区，18世纪传入我国，现设施栽培为其主要生产方式。番茄的果实营养丰富，每100克鲜果实中含蛋白质0.6~1.2克、碳水化合物2.5~3.8克、维生素C 20~30毫克，以及胡萝卜素和番茄红素，其可以生食、煮食以及加工成番茄酱、汁或整果罐藏。番茄有生津止渴、健胃消食、清热消暑、补肾利尿等功能，可治热病伤津口渴、食欲不振、暑热内盛等病症。

1. 番茄片干制

（1）原料

新鲜番茄。

（2）工艺流程

选料→整理→干制→包装→成品

（3）操作要点

① 选料。选取肉质肥厚、汁水丰富以及籽粒较少的，果型端正比较圆的番茄，固体物质含量高，无病虫害，无外伤，达到成熟番茄的色泽标准，但是不要熟过。

② 整理。选取新鲜的番茄，去柄、分级；清理泥沙，用流动清水冲洗干净。

可人工也可机械（大量生产用机械切分）切分成厚度约为 1 厘米的片状，去除浆汁和籽粒。

③ 干制。先把烘盘涂上被膜剂，然后再把番茄片均匀地摊放在上面，送入烘干机的隧道，控温在 60～65℃。大约 24 小时左右可制成水分含量在 5％左右的番茄片。

④ 包装。把番茄片按要求称量装入干净的袋中，密封保存，置于无虫害和细菌的清洁环境里储藏。

2. 番茄粉干制

（1）原料

新鲜番茄。

（2）工艺流程

选料→整理→热破碎→打浆→真空浓缩→干燥

（3）操作要点

① 选料。选用新鲜、成熟、色泽亮红、无病虫害的番茄作为原料。

② 整理。清理附着在番茄表面的泥沙、残留农药以及微生物等；将不合乎质量标准要求的番茄捡出，例如腐烂的、有病虫斑或色泽不良的番茄。

③ 热破碎。番茄的破碎方法包括热破碎和冷破碎。热破碎是指将番茄破碎后立即加热到 85℃的处理方法。由于热破碎法可以将番茄酱中的果胶酯酶和多聚半乳糖醛酸酶得到及时钝化，果胶物质保留量多，最后所得番茄制品具有较高的稠度，所以热破碎法是首选。

④ 打浆。通常采用双道或三道打浆机进行打浆，第一道打浆机的筛网孔径为 0.8～1.0 厘米，第二道打浆机的筛网孔径一般为 0.4～0.6 厘米。打浆机的转速一般为 800～1200 转/分。打浆后所得皮渣量一般应控制在 4％～5％。这一步骤的目的是清理干净番茄的籽粒与表皮。

⑤ 真空浓缩。浓缩的方法有真空浓缩和常压浓缩。常压浓缩由于浓缩的温度高，番茄浆料受热会导致色泽、风味下降，产品质量差；而真空浓缩所采用的温度为 50℃左右，真空度为 670 毫米汞柱（1 毫米汞柱＝133.32 帕斯卡）以上。

⑥ 干燥。制番茄浓缩物的干燥方法很多，主要有冷冻干燥法、膨化干燥法、滚筒干燥法、泡沫层干燥法以及喷雾干燥法等。冷冻干燥法和泡沫干燥法相对于其他方法工艺较复杂，价格贵，所以不是首选。

二、甜椒的干制

甜椒 [*Capsicum frutescens* L.（syn. *C. annuum* L.）var. *grossum* Bailey.]，茄

科辣椒属，是能结甜味浆果的一个亚种，一年生或多年生草本植物。其果肉厚而脆嫩，维生素 C 含量丰富。甜椒由原产中南美洲热带地区的辣椒在北美演化而来，经过长期栽培和人工选择，使果实发生体积增大、果肉变厚、辣味消失和心皮及子房腔数增多等性状变化。

1. 原料

新鲜的甜椒。

2. 工艺流程

精选原料→整理切分→甩干加糖→烘干→分级筛选→包装贮藏

3. 操作要点

① 精选原料。选取灯笼形、深绿色、味甜、质脆、有 3 个或者 4 个心室、肉质较为肥厚、组织紧密、粗纤维较少、品相好且质量为 150 克左右新鲜的甜椒为原料。

② 整理切分。首先剔除甜椒原料里的病虫害果、机械损伤果、霉烂果、裂开果、气味不良果以及过小果。以流动的清水冲洗干净，可以人工清洗，也可以用清洗机清洗。其次是去除果柄、果托和果籽，再度以清水冲洗。最后就是切粒，一般切分为 1.5 厘米×1.5 厘米和 1 厘米×1 厘米两种规格，可以用切丁机来完成。

③ 甩干加糖。用甩干机将甜椒表面的游离水甩干，用时 3～5 分钟。再将甜椒粒放于不锈钢槽里，倒入葡萄糖搅拌均匀。一般每 100 千克甜椒粒需要 2 千克葡萄糖。也可根据客户的要求添加。

④ 烘干。将处理好的甜椒粒均匀地摊铺于烘盘上，一般厚度不超过 10 厘米。送入烤箱（烘房），可以采用热风干燥。这种方法烘制前期需要快速升温，然后再降低温度。在烘干过程中，为了使上下物料受热均匀、产品干燥一致，要不断翻搅甜椒粒。烤箱温度由 80℃ 逐渐降到 75℃，约 4 小时后，待甜椒粒的水分含量降到 5% 以下时即可取出。

⑤ 分级筛选。先用振动筛初选烘干后的甜椒粒；然后再按要求严格地进行分拣，剔除里面的黑粒、碎石、病粒、头发和不合格的甜椒粒等。一般一等品为符合食品安全标准，粒形整齐一致，色泽鲜亮，无虫害、无杂质、无病斑，无焦化现象；二等品为符合食品安全标准，粒形较整齐一致，色泽鲜亮，碎粒量不超过 5%，无病斑、无杂质、无虫害，无焦化现象；三等品为符合食品安全标准，粒形较整齐一致，色泽鲜亮，碎粒量不超过 10%，无虫害、无杂质、无病斑，有少许焦化现象。

⑥ 包装贮藏。密封包装，然后再装箱存放。产品放在 10℃ 左右的环境中保

存，贮藏库必须干燥、凉爽、无异味、无虫害。贮藏期间要定期检查产品含水量及虫害情况。一般可保存 6 个月以上。

三、尖椒的干制

尖椒，又名辣椒，是一种茄科辣椒属植物。青辣椒可以作为蔬菜食用，干红辣椒则是许多人都喜爱的调味品。辣椒不但能给人带来好的口感，还含有丰富的维生素 C、叶酸、镁及钾等营养成分。辣椒还有温中散寒、开胃消食的功效。

1. 原料

成熟度好的尖椒。

2. 工艺流程

选料→整理清洗→干制→除湿翻椒→脱水→再烘→回软→包装→成品

3. 操作要点

① 选料。选用成熟且果实鲜红尚未干缩的鲜辣椒。例如品种可以是羊角椒、朝天椒、野山椒等。

② 整理清洗。物料采摘后先去除杂质，剔除腐烂变质的或者是有病虫害的残次品和杂物。按照不同的成熟度分级装盘。用流动的清水清洗，以确保卫生。

③ 干制。可自然晒干，也可人工干制。

自然晒干：将整理清洗好的尖辣椒均匀平铺在竹筛或者晒席等器具上，放置于阳光下晾晒；遇阴雨天要放置于通风处，以免发霉变质。定时翻动，提高干燥速度。

人工干制：将辣椒装入烘盘，视烘盘大小决定所装辣椒多少。每平方米面积的烘盘可装载约 7～8 千克尖辣椒，然后送进烘房烘干。开始温度会升高到 85～90℃，辣椒吸热快，及时控制好温度，保持在 60～65℃，历时 8～10 小时。

④ 除湿翻椒。由于前面的干制，辣椒会蒸发出大量的水分，烘房内湿度会变大，所以为保证烘干速度与效率，要通风除湿，一般每次时间为 5～15 分钟。为了使辣椒均匀干燥，需及时检查辣椒的干燥情况，经常翻动辣椒。

⑤ 脱水。当温度达到 60～70℃，辣椒干燥到弯曲而不折断时取出倒入筐内，盖上草帘压实压紧，上面压上重物，以便促进辣椒内部水分向外转移，约经过 12 小时，辣椒湿度降低到 50％～55％，迅速装盘。

⑥ 再烘。将装好的辣椒再次送入烘房，温度控制在 55～60℃，大约需要 10～12 小时即可结束干燥。

⑦ 回软。将干燥后的辣椒堆积压紧盖实，大约经过 3～4 天水分均衡，质地不那么干脆，有些变软。

⑧ 包装。用塑料袋密封保存，注意防潮、防虫害等。干燥率为（3～6）∶1。

四、青椒的干制

青椒，一年生或多年生草本植物，特点是果实较大，辣味较淡甚至根本不辣，作蔬菜食用而不作为调味料。由于它翠绿鲜艳，新培育出来的品种还有红、黄、紫等多种颜色，因此不但能自成一菜，还被广泛用于配菜。青椒由原产中南美洲热带地区的辣椒在北美演化而来，经长期栽培驯化和人工选择，使果实发生体积增大、果肉变厚、辣味消失和心皮及子房腔数增多等性状变化。青椒于明末传入我国，现全国各地普遍栽培，青椒含有丰富的维生素 C。

1. 原料

新鲜青椒。

2. 工艺流程

选料→整理清洗→切分→烫煮→干制→包装

3. 操作要点

① 选料。选取新鲜、摘下不久的、表面光滑、肉质肥厚的青椒作为原料，不能有病虫害和机械损伤。

② 整理清洗。将青椒放入流动的清水中浸泡清洗，去除表面泥沙或者灰尘。

③ 切分。可人工切条或者块，也可机械切分。将青椒送进切条机切条，大小自行掌握，也可以切分成块状。注意刀片要锋利，以免连条。

④ 烫煮。把切好的青椒条倒入沸水里烫 2～3 分钟，取出沥水。目的是保持原有的鲜艳色泽，且能使青椒组织柔软，并且防止褐变。

⑤ 干制。这道工序是脱水青椒的重点，一般规模化生产采用通风干燥工艺，用蒸汽加热。把青椒条均匀地摊放在烘盘上，分层放置于盘架上，温度控制在 60～70℃时干制 4～5 小时，当干制品含水量下降至 5% 时，放到冷室冷却。

此外，如果用硅胶干燥法可以降低成本，也就是把硅胶干燥剂和青椒条分层放入大瓷缸中，一层硅胶、一层青椒条，排满瓷缸，密封。一般加工时间需要 4 天，可以使青椒条含水量小于 5%。干燥率为（3～6）∶1。

⑥ 包装。干制品经过分拣，去除残次品后，用双层塑料袋包装，薄膜厚度约为 0.08 毫米。贮藏于温度低于 15℃的仓库，以免变质。

五、茄子的干制

茄（*Solanum melongena* L.）属茄科茄属植物。果的形状、大小变异极大。果的形状有长或圆，颜色有白、红、紫等。茄原产亚洲热带，中国各地均有栽培，为夏季主要蔬菜之一。果可供蔬食，生食可解食用菌中毒。

1. 原料

新鲜茄子。

2. 工艺流程

选料→整理清洗→切分→漂烫→烘制→包装→成品

3. 操作要点

① 选料。长（圆）茄都可以，一般选取采摘不久的、新鲜肥嫩、肉质致密的茄子，无病虫害、无腐烂变质、无机械损伤。

② 整理清洗。去除茄子表面的杂质，削去茄柄和萼片，倒入清水中清洗。

③ 切分。可以人工切分，也可机械切分，但机械切分省时、效率高。用切片机把茄子切成厚度为3～5毫米的薄片，做到厚度均匀，便于干燥速度一致。

④ 漂烫。把茄子倒入温度为95～98℃、浓度为0.2％的亚硫酸钠溶液里漂烫，时间一般为3～5分钟，特别注意防止茄子氧化变色。

⑤ 烘制。将漂烫过的切片取出，沥去多余水分，整齐均匀地铺放在烘盘中，厚度约为1～2厘米，做好干制准备。可采用热风干燥设备，一般温度设定在55～60℃，用时约2～3小时，为了防止结壳现象，干制前期温度应较低，干制后期温度也不宜超过65℃，以防止焦煳。烘制后的茄干含水率为4％左右。

⑥ 包装前适当回软。回软可使干制品内部水分达到一致。分拣出焦煳、发黄的不合格脱水茄干，其余用塑料袋密封包装，放置于温度适宜、环境达标的储藏室储藏。

⑦ 成品。无论是圆片、长条、粗丝、小块等形状都可以；一般干制品与茄子原料色泽差别不是很大，无异味、焦煳、细小碎块等。

第二节　瓜类蔬菜的干制

一、南瓜的干制

南瓜（*Cucurbita moschata*）属于葫芦科南瓜属，多数为一年生蔓生草本植物，原产墨西哥中美洲一带，16世纪传入我国，现在我国南北地区均有栽培。南瓜的果实可作菜肴，亦可作粮食，其全株各部分又可供药用，种子含氨基酸，有清热除湿、驱虫的功效，对血吸虫有控制和杀灭的作用，藤有清热的作用，瓜蒂有安胎的功效，根可治牙痛。

1. 原料

南瓜。

2. 工艺流程

选料→整理清洗→切分→烫漂→脱水（干制）→包装→成品

3. 操作要点

（1）脱水南瓜片

① 选料。选用充分老熟的风味好的南瓜，皮较厚、硬、手指甲划不破，表皮有较厚的蜡粉，皮呈红色为好。

② 整理清洗。把选好的南瓜使用流动的清水冲洗掉泥沙等污物杂质，除去瓜蒂，切分成两半，削掉南瓜皮，清理掉里面的瓜瓤和种子等。

③ 切分。把整理好的南瓜块切分成 3～4 毫米或 6～7 毫米的薄片（也可用刨丝器刨成细丝）。

④ 烫漂。切分后的瓜片用蒸汽或沸水处理 1～3 分钟，然后用冷水迅速冷却，沥干水分。

⑤ 脱水（干制）。把烫漂好的南瓜片装入烘筛里脱水干制，装载量 5～10 千克/平方米。干燥温度开始在 45～60℃，逐步升温不超过 70℃，完成干燥约需 10 小时。一般脱水南瓜片的含水量在 6% 以下即可。

⑥ 包装。南瓜片用塑料薄膜食品袋密封包装，然后用纸箱或者其他包装箱包装。

⑦ 成品。南瓜片干制品呈橘红色或者淡黄色片状或者丝状。干燥率为（14～16）∶1。

（2）南瓜粉 其制作还需经如下几步操作：

① 粉碎。将脱水南瓜条（或丝）用粉碎机粉碎成细粉末状。

② 过筛。将粉碎的南瓜粉末，通过 60～80 目的筛子，未通过的颗粒可继续粉碎过筛。

③ 包装。采用真空包装机或复合塑料食品袋进行无菌包装。

二、黄瓜的干制

黄瓜（*Cucumis sativus* L.）属葫芦科一年生蔓生或攀缘草本植物。果实长圆形或圆柱形，长 10～30（～50）厘米，熟时黄或绿色，表面粗糙，有具刺尖的瘤状突起，极稀近于平滑。

1. 原料

新鲜的黄瓜。

2. 工艺流程

精选原料→整理切分→风干→包装贮藏

3. 操作要点

① 精选原料。黄瓜的首选是要看新鲜度，所以最好是顶花带刺的黄瓜，不仅新鲜而且肉厚实，以较粗者为好（如果是整条晒干，就需要选择较细、较短的黄瓜）。

② 整理切分。首先将精选出的黄瓜用流动的清水冲洗干净，切记冲洗前不要把头尾去掉，否则在洗的时候，容易侵入水分，影响成品品质。其次，将洗净的黄瓜置于竹席、漏筛等器物上沥干或风干原料表面水分。最后把洗净沥干水分的黄瓜原料纵向对半切开，挖出黄瓜籽，肉保留，剩下部分尽量不要超过 0.5 厘米，对于肉质过于肥厚的需要多挖掉点肉；也不要过薄，否则容易晒卷。

③ 风干。将切分好的黄瓜条均匀摊铺于竹席、竹筛或者盖帘上，薄薄的一层即可，否则会影响水分蒸发，不利于晒干的效果。摊铺好，置于通风且避光之处风干。

④ 包装贮藏。黄瓜干密封包装贮藏，复水后接近鲜黄瓜。

三、苦瓜的干制

苦瓜（*Momordica charantia* L.）为葫芦科苦瓜属植物，果实纺锤形或圆柱形，多瘤皱，长 10～20 厘米，成熟后橙黄色。

1. 晒干

（1）原料

新鲜的苦瓜。

（2）工艺流程

精选原料→整理→切分→焯水（或加盐揉搓）→干制→包装贮藏

（3）操作要点

① 精选原料。选取个头较大、肉质肥厚、表面无病虫害、稍微老一点的苦瓜，苦味更浓，干制成品更能保持风味。

② 整理。将精选的苦瓜原料用清水冲洗干净，瓜瓤可去可不去，苦瓜瓤具有药用价值。剔除有病虫害、变质不新鲜的、有机械损伤以及过嫩的苦瓜。

③ 切分。可将苦瓜片切分成为 1 厘米以上（晒干厚度）、3 厘米以下的薄片（烘干厚度），人工切分或机械切分均可。

④ 焯水（或加盐揉搓）。将苦瓜片倒入开水里焯烫几分钟，即可捞出过凉水冷却（也可以加少许盐充分揉搓）。

⑤ 干制。将烫漂后的苦瓜原料均匀平摊于晒盘中，不要太厚，放置于阳光下晒干，一般 2～3 天即可干透。也可以晒制 2 天后用绳子串起来，悬空风干。成品含水量为 13％左右。

⑥ 包装贮藏。干制好的苦瓜成品可用密封的袋装，也可以用密封罐罐藏，总之需避免吸潮。一般常温贮藏。

2. 烘干

采用烘干苦瓜时切分厚度在 3 厘米左右最为适宜，过厚时成品颜色会较重。苦瓜适宜中高温烘制，一般温控在 45～65℃。假若温度过低，干燥速度慢，温度过高则会对干制成品色泽以及营养成分造成不良影响，也会导致复水性差，组织结构变硬。

四、佛手瓜的干制

佛手瓜（*Sechium edule*）是一种葫芦科佛手瓜属植物，果实清脆，含有丰富营养。既可做菜，又能当水果生吃。

1. 原料

新鲜佛手瓜。

2. 工艺流程

预处理（分级、清洗、切片）→护色→增味→硬化处理→预冻结→升华干燥→解析干燥→包装贮藏

3. 操作要点

① 预处理

分级。采用目测法对佛手瓜进行分级，选择成熟度、颜色、大小基本一致的佛手瓜。

清洗、去皮。用清水清洗去除表面灰尘等，并人工去皮。

切片。纵向切分为厚度为 2 厘米左右的圆片。

② 护色。将预先清洗、去皮并切片的佛手瓜在含焦亚硫酸钠（0.15％）、维生素 C（0.2％）和柠檬酸钠（0.3％）的护色液中浸泡护色，浸泡时间为 30 分钟。

③ 增味。将上述经过护色并晾干的佛手瓜片在含柠檬酸（0.5％）和蔗糖（15％）的增味溶液中浸泡增味，浸泡时间为 120 分钟。

④ 硬化处理。将上述经过增味并晾干的佛手瓜片在含乳酸钙（0.05％）的硬化处理溶液中浸泡 45 分钟。

⑤ 预冻结。将经过上述处理的佛手瓜片装盘，在−70℃下预冻结，使中心温度达−35℃，维持 2 小时。

⑥ 升华干燥。将预冻过的佛手瓜片进行升华干燥，调节真空度为 80～100 帕，温度调节至 40℃，当佛手瓜片中心温度达 0℃时维持 0.5 小时。

⑦ 解析干燥。调节真空度为 50～60 帕，解析温度 50℃，当佛手瓜中心温度、板温和物料表面温度三条温度线相平行时，继续保持干燥状态 4 小时，干燥即结束。

⑧ 包装贮藏。干制好的佛手瓜干成品可用密封的袋装，也可以用密封罐罐藏，避免吸潮，一般常温贮藏。

第三节　豆类蔬菜的干制

一、菜豆的干制

菜豆（*Phaseolus vulgaris* Linn.）是豆科菜豆属一年生、缠绕或近直立草本植物。嫩荚供蔬食，品种逾 500 个，故植株的形态、花的颜色和大小、荚果及种子的形状和颜色均有较大的变异，风味也不同。

1. 原料

菜豆，也就是豆角（四季豆、芸豆、青刀豆）。

2. 工艺流程

选料→分级、整理、清洗→护色→干制→质检→包装→成品

3. 操作要点

① 选料。采摘不久新鲜的菜豆，即选择乳熟期颜色深绿、肉质肥厚、豆荚内豆粒如绿豆般大小的、含糖量高、豆荚横截面呈圆形时采摘为宜，豆荚长度一般在 10～12 厘米。

② 分级、整理、清洗。采摘后应尽快加工，以免影响干制品质量。加工前可按长度分为两级。可以用清水冲洗，也可用 1%～2% 的食盐水冲洗、浸泡，去除泥沙和灰尘、小虫等异物。然后沥干水分，切分，可人工切分，也可机械切分，机械切分可用菜豆切端机切去豆荚两端尖部。

③ 护色。护色是必不可少的环节，可用 0.3% 的焦亚硫酸钠浸泡 15 分钟，再用 0.1% 的碳酸钠漂烫 5 分钟，漂烫时轻轻翻动，让各处均匀受热，以豆荚不脱皮为宜，经过处理的豆荚呈翠绿色。捞出漂烫的菜豆，迅速放入冷水里冷却。另外，也可以将新鲜菜豆放于 80～85℃、pH 值为 3～4 的柠檬酸溶液中浸泡 6～

8 分钟，然后再浸泡于 0.02％的硫酸铜液体中升温到 60～65℃，停留 8～10 分钟，这样豆荚绿色会保持很好，干制后色泽也会很稳定。

④ 干制。自然干制和人工干制均可，可根据具体情况而定。

a. 自然干制

自然干制分为晒干法和阴干法，也可两种方法配合使用。采用晒干法，是将预处理好的菜豆均匀地铺在晒盘、竹席、竹筛、草席或者牛皮纸上，晒制时要经常翻动整直，一般晒制 2～3 天即可，晒干后放于室内回软 8～12 小时。

如果是阴干法，可将预处理好的菜豆豆荚放置于阴凉的房室或者凉棚下，将晒盘等放于框架上，可放数层，一般层距 30 厘米。气温较高时一般需要 15～20 天。阴干与晒干比较，阴干色泽较好，含水量在 8％～10％。

b. 人工干制

人工干制可用隧道式烘房，一般载重量为 3～4 千克/平方米，均匀地铺开，厚度为 2～3 厘米。开始烘房温度控制在 70℃，经过 2～3 小时降至 60～65℃，7 小时或者 8 小时后可完成干制。成品含水量为 5％～6％，干燥率为（8～12）∶1。

⑤ 质检。干制完成后，经过质检，挑选出残缺、变色、有斑痕的次品，整直以后捆成捆，存放于干燥环境，若出现霉变应及时处理。

⑥ 包装。一般 4～5 捆装一袋，然后装入有复合塑料袋的纸箱内，一箱以 12～16 千克为宜，用打包带扎紧。

⑦ 成品。质量好的脱水菜豆呈淡绿色，复水后显深绿色，长短一致，柔韧性良好。

二、豇豆的干制

豇豆 [*Vigna unguiculata* (L.) Walp.] 是豆科豇豆属一年生缠绕、草质藤本或近直立草本植物，有时顶端缠绕状。长豇豆按嫩荚颜色分为青荚、白荚和红荚三种类型，红荚种不适于加工，以白荚种加工后颜色最好。豇豆提供了优质蛋白质、碳水化合物及多种维生素、微量元素等，可补充机体的多种营养素。

1. 原料

选白荚或翠绿、浅绿色豇豆品种。

2. 工艺流程

选料→热烫→冷却→烘干→回软

3. 操作要点

① 选料。加工豇豆选择当天采收、色浅绿，荚长、直、匀称，不发白变软、

种子未显露的鲜嫩豆荚，去除有病虫害、过老或过嫩及异色鲜荚。加工时要求同批加工豇豆颜色相同，长短均匀，成熟度一致，摊开堆放，以免发热、发黄影响品质。加工前用自来水洗去原料上的泥沙等杂质，做到当天采收、当天加工。

②　热烫。将相当于豆荚重量 8 倍的水（加工用水应符合普通饮用水的标准）放在锅内，加热烧开，每 200 千克水中加入 25 克食用苏打保绿，然后将豆荚倒入沸水中，翻动数次，让豆荚受热均匀，热烫处理一般掌握 3～5 分钟，以豆荚熟而不烂为准，如烫的时间太短，豆荚烘干后颜色变黑，而烫的时间过长，豆荚产生黏糊，都将会影响质量，所以应掌握适度。一般每烫 50 千克豆荚加食用苏打一次，一锅水续烫 3 次后须换水，以确保豆干质量。

③　冷却。将热烫后的豇豆迅速在竹筛上摊开，趁体软时理直。有条件时可于水平方向吹冷风，以加快冷却。

④　烘干。第 1 步，将冷却后的豇豆连竹筛迅速放入烘灶，每 1 平方米竹筛放 6.5 千克豆荚，温度控制在 90～98℃，时间为 40～50 分钟。第 2 步，将第一次烘干后的豆荚，两筛并一筛，烘干厚度为每 1 平方米竹筛放 13 千克豆荚，温度控制在 90～98℃，时间为 30 分钟。第 3 步，厚度与第 2 步相同，温度控制在 70～80℃，直到烘干为止，时间一般为 3～4 小时。每个步骤烘干间隔期为 1～2 小时，烘干过程中火力要均匀，并上、下、前、后调换竹筛，使其受热均匀，干燥度一致。

⑤　回软。将烘干的豇豆干冷却后，堆成堆，用薄膜覆盖，使其回软，达到各部分含水量均衡，时间一般为 3～5 天。

第四节　白菜类蔬菜的干制

一、甘蓝的干制

甘蓝（*Brassica oleracea* var. *capitata* L.）俗称包菜、卷心菜，属于十字花科芸薹属，一年生或两年生草本植物，原产于地中海和北海地区，公元 16 世纪传入我国，目前我国每年甘蓝种植面积约 40 万公顷以上，在蔬菜周年供应和出口贸易中占有重要地位。据研究，每 100 克新鲜的结球甘蓝含蛋白质 1.1 克、碳水化合物 3.4 克、维生素 C 38～39 克、胡萝卜素 20 毫克、钙 32 毫克、铁 0.3 克，其营养丰富，保健功能强，可炒食、煮食、凉拌、腌渍、干制等。

1. 原料

新鲜的卷心菜。

2. 工艺流程

选料→整理清洗→切分→预煮、冷却、脱水→配料→干制→挑拣包装→成品

3. 操作要点

① 选料。选用新鲜卷心菜，且根据用户需求选用。

② 整理清洗。将采摘下的新鲜的卷心菜去除老叶、黄叶以及病虫害叶。根据需求切掉菜心和叶脉。可以用高压水洗机或者搅拌水洗机冲洗。

③ 切分。可用机械切分，如分割机。切分成为（18～25）毫米×（18～25）毫米的小块。

④ 预煮、冷却、脱水。用90℃的水热烫3～4分钟，冷却用流动水，然后脱水，可用离心机。

⑤ 配料。拌入8%～12%的配料，静置30～40分钟。

⑥ 干制。慢慢降温，分段干制。

⑦ 挑拣包装。将老叶、叶轴、褐变的叶块捡出，剔除其他杂质（可用金属探测仪检测）。密封于两层塑料袋内，装入纸箱，放入10℃以下仓库贮藏。

⑧ 成品。优质卷心菜干，组织饱满，色泽鲜艳，无褐变的块粒，复水性好，无异物，有卷心菜本身的青菜味，含水量6%以下。

二、球茎甘蓝的干制

球茎甘蓝（*Brassica oleracea* var. *gongylodes* DC.）又称擘蓝、苤蓝，属于十字花科芸薹属，二年生草本植物，其株高可达60厘米，产品器官是变态球茎。球茎甘蓝是从欧洲引进，目前在我国各省区均有栽培，因其较强的耐寒能力和耐高温能力，可以四季进行露地种植。球茎甘蓝以膨大的肉质球茎和嫩叶为食用部位，球茎脆嫩、清香、爽口，适宜凉拌鲜食；嫩叶营养丰富，含钙量很高，并具有消食积、去痰的保健功能，适宜凉拌、炒食和做汤等。

1. 原料

球茎甘蓝。

2. 工艺流程

选料→整理洗涤、切块→硫处理→干制→包装

3. 操作要点

① 选料。球茎甘蓝选用绿色平头品种最好，白色品种次之，红色品种不适宜干制。要求结球大，紧密，皱叶，心部小，干物质含量高（9%及以上），糖分高（不低于4.5%），复水率高（5～8倍）。适宜干制的品种是大、小平头种，尖

头种不适宜。

②整理清洗、切块。除去外叶及基部，清洗干净，沥干水分，切成宽 3～5 毫米的细条（或者方块）。

③硫处理。用 0.2% 亚硫酸盐溶液浸泡 3 分钟，沥干水分。

④干制。装载量 3～3.5 千克/平方米，干燥温度 55～60℃，完成干燥需 6～9 小时。一般成品含水量在 6%～8% 之间，干燥率为（14～20）∶1。

⑤包装。密封包装，注意防潮、防虫。

三、白菜的干制

白菜 [*Brassica pekinensis*（Lour.）Rupr.] 又称结球白菜，属于十字花 科芸薹属，二年生草本植物，原产于中国，山东、河北和河南是我国白菜三 大主产区。结球白菜分为卵圆形、平头形和直筒形。白菜营养丰富，菜叶可 供炒食、生食、盐腌、酱渍，外层脱落的菜叶可作饲料，具有一定的药用价 值，其维生素 C 含量高于苹果和梨，与柑橘类居于同一水平，而且热量要低 得多。

1. 原料

新鲜的大白菜。

2. 工艺流程

选料→整理、洗菜→煮烫→冷却→干燥→回软→分级包装→成品贮存

3. 操作要点

①选料。应选取 11 月份或 12 月份收获的颜色深绿、质地脆硬、叶梗肥厚 以及固形物与糖分含量相对高的品种。

②整理、洗菜。去除泥沙，挑去烂菜及有病虫原料；将白菜根切掉，剥去 老叶和老帮，切块并清洗干净。

③煮烫。将清水煮沸，在热烫水中加入少量 0.5% 的小苏打，使热烫水呈微 碱性，搅动使其完全溶解。把整理好的白菜块倒入沸水里煮烫 1～2 分钟。

④冷却。将煮好的菜捞出放入流动的冷水中冷却，再放入有 0.2% 小苏打的 冷水中稍微浸泡 2～3 分钟，捞出后沥干水分，摊开散热。

⑤干燥。可用自然干燥法，即在太阳下晒干，需时较长，质量不保证；也 可采用人工干制法，如热风干燥，优点是时间短、品质好。将白菜块送入烘房， 先把温度控制在 70℃ 左右，后降至 45～50℃，8 小时左右，即可结束干燥，一 般含水量在 12%～13%。

⑥回软。刚出炉的白菜干由于含水量低而且不太均匀，如立即进行包装，

容易造成破碎，所以要经过回软阶段，即在室温下自然放置或加以覆盖2～3天后才能进行下一工序。

⑦ 分级包装。挑选、分级、包装。为了减小干制品体积，应进行整理分级和压缩，然后再进入包装工序，应密封包装，以免吸潮。

⑧ 成品贮存。干制品贮存应符合低温、低湿环境条件，否则会缩短其贮存期或货架寿命。经过以上处理后烘制的白菜干，菜梗白色、菜叶墨绿。

四、花椰菜的干制

花椰菜（*Brassica oleracea* var. *botrytis* Linnaeus）是十字花科芸薹属植物野甘蓝的变种。茎顶端有1个由总花梗、花梗和未发育的花芽密集成的乳白色肉质头状体。正常的花球是半球形，球面是规则的左旋辐射轮状排列，表面是颗粒状，质地致密。花椰菜营养丰富，富含蛋白质、脂肪、碳水化合物、食物纤维、多种维生素和钙、磷、铁等矿物质；性凉，味甘，助消化，增食欲，生津止渴，是一种保健食品。

1. 花椰菜的自然干制

（1）原料

新鲜花椰菜，即花菜、菜花。

（2）工艺流程

选料→整理清洗→漂烫→日晒→包装

（3）操作要点

① 选料。选取新鲜嫩黄白花菜，要求无虫蛀，无人工或者机械伤疤，表面整洁、个头适中、周正。

② 整理清洗。去除花菜菜叶，削去菜花上污脏的部分。花菜晒干后，体积大幅缩小，所以煮前要掰大一点，掰成直径为3～5厘米的小朵，放在水中稍浸泡后冲洗，再放于竹篓或者其他可沥水的容器里沥干水分。

③ 漂烫。将清水烧开，根据花菜的重量放入适量的食盐，目的是杀菌，且便于保存。将洗净的花菜倒入锅中，大火煮5分钟左右至半生不熟时关火。切记不要煮得过于熟透，那样不容易捞起。

④ 日晒。将花菜捞出沥水，放在大盆中，倒在竹筛或者晒席上均可。在太阳下暴晒两天左右，为避免淋到露水，晚上要收回。一般晒至成品含水量为5%即可。

⑤ 包装。晒成花菜干后，用食品包装袋密封保存。如果遇到阴雨连绵的季节，需放置于太阳下晾晒，或者用微波杀菌，以免发霉变质。

2. 花椰菜的人工干制

（1）原料

新鲜花椰菜，即花菜、菜花。

（2）工艺流程

选料→整理清洗→漂烫护色→干制→包装→成品

（3）操作要点

① 选料。刚采摘不久的新鲜花椰菜，选取花球较大的、直径不小于9厘米、肉色洁白而鲜嫩、结构紧密、坚实、花球厚实、花枝短、表面无粉状物或者绒毛的。采摘下来，加工前存放在阴凉处，注意不要碰伤，最好在一天内就开始加工干制，以免影响干制品的质量。

② 整理清洗。用刀除去菜花的基部和外叶，然后将花菜切分成一个个小花球，做到大小均匀，直径控制在1厘米左右，连柄在1.5厘米左右，根据老嫩程度和大小分级。

③ 漂烫护色。将整理好的小花球放入20毫克/千克的柠檬酸溶液中浸泡15分钟，溶液温度在25～40℃，然后捞出沥干水分。将清水煮沸，把小花球倒入漂烫3～4分钟，然后迅速置于冷水中冷却，冷透为宜。最好将冷透的花菜再浸泡于20毫克/千克的柠檬酸溶液中2分钟。

④ 干制。将做好处理的菜花均匀地摊放在烘筛中，迅速送入烘房，温控在55～60℃，当花菜含水量在6％时停止烘制，挑选出潮湿的再度烘制。

⑤ 包装。包装前挑选出花菜干中变色的部分和杂质，避免吸潮的方法是挑选的过程要快。包装花菜干的含水量不超过7.5％，采用听装，听内附有牛皮纸，每听装10千克，两听装一箱，装好后用焊锡密封，不能漏气，听外涂抹防锈油，最后再放入纸箱。

⑥ 成品。色泽黄色或者青白色。

第五节　直根类蔬菜的干制

一、白萝卜的干制

萝卜（*Raphanus sativus* L.）属于十字花科萝卜属一、二年生蔬菜作物，原产中国，远在周朝时期就盛行栽培，迄今已在世界各地广泛栽培，其主要产品器官"肉质根"除含有一般的营养成分外，还含有淀粉酶和芥子油，有促消化、增食欲的功效。萝卜按照不同地理区域分为华南、华中、北方和西部高原4种生态型，按照适应的栽培季节分为秋萝卜、夏萝卜、春萝卜和四季萝卜。

1. 原料

秋冬白萝卜。

2. 工艺流程

选料→清洗整理→切分→风干→装坛密封→晾晒→成品→保存

3. 操作要点

① 选料。加工白萝卜干的原料选择表皮光滑，健康新鲜，大小、粗细均匀，色泽亮白色，肉质细嫩、致密，含糖量较高的秋冬白萝卜品种。

② 清洗整理。将白萝卜洗去表面的泥沙等物质，剔除小根及须根，切去萝卜缨子，不要去皮。

③ 切分。用刨丝机刨成粗 3 毫米左右、长 10～15 厘米的萝卜丝（或者用人工切成均匀的条状），也可以机械切分。

④ 风干。摊在席箔上，席箔下架空通气，放置在迎风的地方，最好靠风吹干萝卜丝。如果是以太阳暴晒而成的萝卜丝，则易断碎，颜色发褐，口味差，营养成分损失也较多。晾晒时要铺薄、铺匀，这样易吹干。晾晒时翻动不翻动都可以，风力大时，1～2 天即可吹至七成干，萝卜丝由白色变淡黄色，表面没有水分，软，味辛辣、略带苦味。

⑤ 装坛密封。把晾晒至七成干的萝卜丝装进陶土坛，逐层捣塞紧。装满后盖严坛盖，使坛内不透空气。封闭 2～3 天后，萝卜丝产生甜香气味，并变成金黄色，表面生出黏性糖液，干湿均一。

⑥ 晾晒。将萝卜丝从坛内取出，放在阳光下晒干。在充足的阳光下，经 3～4 小时（依天气情况而定），晒干萝卜丝表面的糖液即可。

⑦ 成品。成品呈淡黄色，口感脆嫩，有光泽；柔软而富有弹性，手捏成团、松开迅速还原。

⑧ 保存。注意密封保存。

二、胡萝卜的干制

胡萝卜（*Daucus carota* var. *sativa* Hoffm.）属于伞形科胡萝卜属二年生草本植物，原产于西亚地区，元朝传入我国，其适应性强，生长健壮，病虫害少，管理简单，耐贮运，是我国北方主要冬春蔬菜。胡萝卜肉质根富含胡萝卜素和糖类物质，营养价值高，味道甜美，既可鲜食、煮食、炒食、腌渍，也可制干、脱水及装罐外销。胡萝卜按照肉质根颜色，分为紫红、红、橘红、橘黄、淡黄等；按肉质根形状，可分为圆柱形和圆锥形两个生态型。

1. 胡萝卜粒的烘干

(1) 原料　原料要求表面光滑，须根少，心髓部不明显，干物质大于11%，糖分不低于4%，胡萝卜素含量高。适宜的胡萝卜品种有上海本地红、南京红、陕南柿子红等。

(2) 工艺流程

选料→清洗→整理→切分→烫漂→脱水→挑选→装箱

(3) 操作要点

① 选料。干制胡萝卜粒选择橙红色，长根种，钝头，表皮光滑，健康新鲜，色泽亮白色，肉质细嫩、致密，无机械伤害和病虫害，没有冻僵的胡萝卜。长度在18~25厘米，大小、粗细均匀，直径2.5~4厘米，萝卜芯较细。

② 清洗、整理。用清水洗去泥沙等杂质，切去青头和芯，做到胡萝卜肉中无芯，可以手工去皮、化学去皮（3%~6%浓度的碱液，温度为80~90℃，浸渍2~4小时，使其表皮软化，但不要让碱液渗入内层组织）或机械去皮。

③ 切分。将整理好的原料切成为0.6~0.8厘米的胡萝卜粒，然后用清水清洗干净。

④ 烫漂。把胡萝卜粒放在0.1%的小苏打沸水溶液中烫漂至软而不烂，稍微带弹性，时间为1.5~2分钟，还需考虑原料颗粒大小和鲜嫩度。烫漂后迅速用清洁的冷水冷透，防止原料受热引起组织软化和褐变，然后沥去原料表面的水或者用机械甩干。

⑤ 脱水。物料处理后均匀地平摊入烘晒席上，迅速入烘炉脱水，烘烤温度掌握在60~65℃，烘至干制物料含水量在6%时，迅速出烘炉。一般成品含水量在5%~8%之间。

⑥ 挑选。挑出杂质和变色的产品，挑选过程速度要快，以免产品吸潮。胡萝卜的干燥率为（10~16）∶1。

⑦ 装箱。装箱的时候产品的含水量不能超过7.5%，大多用纸箱外包装，里面衬有复合袋密封。

2. 胡萝卜粒的冷冻干燥

(1) 原料　同"1. 胡萝卜粒的烘干"。

(2) 工艺流程

原料精选→清洗、整理→切分→烫漂→预先冻结→升华干燥→挑选→包装贮藏

(3) 操作要点

① 原料精选。干制胡萝卜粒选择橙红色，长根种，钝头，表皮光滑，健康

新鲜，色泽亮白色，肉质细嫩、致密，无机械伤害和病虫害，冻僵的胡萝卜。长度在 18～25 厘米，大小、粗细均匀，直径 2.5～4 厘米，萝卜芯较细。

② 清洗、整理。用清水洗去泥沙等杂质，做到胡萝卜肉里去芯，可以手工去皮、化学去皮（3%～6%浓度的碱液，温度为 80～90℃，浸渍 2～4 小时，使其表皮软化，但不要让碱液渗入内组织）或机械去皮。

③ 切分。将整理好的原料切成为 0.6～0.8 厘米的胡萝卜粒，然后用清水清洗干净。

④ 烫漂。把胡萝卜粒放在 0.1% 的 $NaHCO_3$ 沸水溶液中烫漂至软而不烂，稍微带弹性，时间为 1.5～2 分钟，还需考虑原料颗粒大小和鲜嫩度。烫漂后迅速用清洁的冷水冷透，防止原料受热引起组织软化和褐变，然后沥去原料表面的水或者用机械甩干。

⑤ 预先冻结。保持预冻温度在 -40℃，冻结 5 小时为宜。

⑥ 升华干燥。冻结后的物料必须迅速进行真空升华干燥，使冻结水分直接升华。保持升华压力 5 帕左右。

⑦ 挑选。干制品经过分拣，去除杂质和次品后，按标准分级。

⑧ 包装贮藏。采用真空包装产品，小包装多采用不透光的复合薄膜真空或充氮密封包装。

3. 胡萝卜粉的干制

（1）原料　同"1. 胡萝卜粒的烘干"。

（2）工艺流程

原料精选→整理、切段→软化制浆→烘干→包装贮藏

（3）操作要点

① 原料精选。选取无病虫害、机械损伤和霉烂，品质好的胡萝卜原料，不要出现残次品。

② 整理、切段。清理干净原料表皮和缝隙内的沾染污物、泥沙以及其他杂质；将青顶部、黑斑和须根、尾根都切除；以流动清水冲洗干净；可用 8%～12%的氢氧化钠碱液去皮，温控在 95℃ 及以上时将胡萝卜原料浸泡其中，时间控制在 3 分钟内，然后捞出用流动清水冲洗残存的碱液；冷却后可切成碎小的段或小块等便于软化与制浆。

③ 软化制浆。软化之后的胡萝卜原料方可制浆，可用热力蒸煮的方式使原料软化，将胡萝卜放入夹层锅内，常压、加压都可以；也可以用沸水软化的方法，沸水和原料的比是 2:1，将 pH 值控制在 5.5 左右需加入柠檬酸，胡萝卜碎块倒入夹层锅煮沸时间控制在 20～30 分钟。下一步制浆，一般胡萝卜浆液要求

无明显流散物质、组织细腻；通常用筛孔为0.4～1.5毫米的刮板式打浆机，胡萝卜软化后趁热打浆2～3次。

④ 烘干。用通入热蒸汽的方法使滚筒表面温度升至120～140℃，让胡萝卜浆液匀速流至滚筒内，注意厚度要均匀，在滚筒转动一周的短时间内完成对物料的干燥；最后用特别的刮料器刮下成品。

⑤ 包装贮藏。待到刮下的成品冷却后再过筛，一般用80目筛；充氮气包装、真空包装都可以，成品需要贮藏在遮阳避光、凉爽、干燥、无污染、无虫害的环境。

4. 胡萝卜片的干制

（1）原料　同"1. 胡萝卜粒的烘干"。

（2）工艺流程

选料→清洗、整理、切分→蒸煮、冷却→沥水、烘干→挑选→包装→成品

（3）操作要点

① 选料。干制胡萝卜片选择橙红色，长根种，钝头，表皮光滑，健康新鲜，色泽亮白色，肉质细嫩、致密，无机械伤害，无病虫害，无冻僵，发育优良的胡萝卜。长度在18～25厘米，大小、粗细均匀，直径2.5～4厘米，萝卜芯较细。

② 清洗、整理、切分。用流动的水将胡萝卜表面的泥沙等物质洗去，剔除小根及须根，切去萝卜缨子，不要去皮。切成1厘米厚度的片状。

③ 蒸煮、冷却。把切好的胡萝卜（以10千克为例）放入水蒸气中密闭熏蒸，每批次熏蒸时间一般控制在5～7分钟，熏蒸后可溶性固形物含量为10.5%。一般用0～15℃水冷却，熏蒸后要立即放入水中迅速降温至15℃，以便保持产品原色。

④ 沥水、烘干。冷却后的胡萝卜片需要3～5小时沥水后再放入烘盘送进烘炉。烘房内须排去蒸汽，适宜温度保持在45～60℃，烘干时间为5～6小时，最终使含水量降至6%为佳。一般成品含水量在5%～8%。

⑤ 挑选。挑出碎屑、杂质和变色产品，操作应快，以防止产品吸潮、

⑥ 包装。采用PE塑料袋定量包装，要求装实，贮存于适宜条件下，以防潮、防虫蛀。

⑦ 成品。成品色泽橘黄或者橘红，无杂质。胡萝卜的干燥率为（10～16）:1。

三、牛蒡的干制

牛蒡（*Arctium lappa* L.）俗称恶实、大力子，属于菊科牛蒡属，二年生草

本植物，主要产区在中国、西欧和克什米尔地区等。牛蒡含菊糖、纤维素、蛋白质、钙、磷、铁等人体所需的多种物质，其中胡萝卜素含量比胡萝卜高 150 倍，蛋白质和钙的含量为根茎类作物之首。牛蒡根含有人体必需的各种氨基酸，且含量较高，尤其是具有特殊药理作用的氨基酸含量高，如具有健脑作用的天冬氨酸占总氨基酸的 25%～28%、精氨酸占 18%～20%，还含有镁、锰、锌等人体必需的宏量元素和微量元素。

1. 原料

牛蒡。

2. 工艺流程

选料→整理、清洗→切分→干制脱水→质检、包装

3. 操作要点

① 选料。选取牛蒡长度标准为 70 厘米以上，直径为 1.5～3.0 厘米，当割去叶片时，要留 1 厘米以上的叶柄，防止全切去出现脱水现象。牛蒡体无分叉，无虫蛀，无病害，无失水，特别要注意剔除带泥土太多的牛蒡。

② 整理、清洗。将新鲜牛蒡进行整理分级，牛蒡表面的须根摘净，皮可去可不去，去头去尾。用清水洗净表面的泥土杂质。可人工清洗，也可机械清洗（清洗牛蒡的设备有喷枪式清洗设备和槽式清洗流水线）。

③ 切分。可人工也可机械切分，将牛蒡切成均匀厚度的片状。

④ 干制脱水。可人工自然晒干，也可热风脱水烘干。

⑤ 质检包装。好的牛蒡片是没有黑斑、霉点的，而且切面紧凑不疏松。

第六节　葱蒜类蔬菜的干制

一、大蒜的干制

大蒜（*Allium sativum* L.）属于百合科葱属一、二年生草本植物，原产于西亚和地中海地区，汉代张骞出使西域引入我国，在我国南北各地均有分布。大蒜不仅是人们日常生活中不可或缺的蔬菜和调味品，也是一种重要的药用植物。其产品器官是鳞茎（蒜头）、蒜苗、蒜黄、蒜薹（蒜苔）。大蒜鳞茎风味鲜美，营养丰富，其主要功能成分是大蒜素。按蒜瓣外皮颜色可分为紫皮蒜和白皮蒜，按蒜瓣大小可分为大瓣蒜和小瓣蒜。

1. 脱水大蒜片

（1）原料　选择新鲜的瓣蒜大的品种，如苍山大蒜、蔡家坡红皮蒜、阿城大蒜等。

（2）工艺流程

选料→整理、清洗→切分→漂洗→沥水→摊筛→烘制→分拣包装→成品

（3）操作要点

① 选料。选择成熟度好、干燥、整洁、蒜瓣洁白、光泽度好的大蒜，叶子发黄、茎节枯黄、蒜头适中、无病虫害与机械损伤。

② 整理、清洗。先用小刀切掉大蒜蒂，剔除不合格的蒜瓣。掰瓣，然后简单机械去皮，装进圆筒铁丝笼里不断转动，同时吹风，大蒜互相摩擦去掉蒜皮，清洗干净。

③ 切分。可以利用切片机切片，顺着横径切分成宽度为1.5毫米厚片状，切分要均匀、平整。如果切片太厚，产品颜色发黄，太薄则易碎，且会影响成品的香味和辛辣味。切分大蒜片过程中，要边切边用清水冲洗，注意要把重叠的大蒜片分开。

④ 漂洗。切分好的大蒜片立即倒入流动清水中冲洗。为了有利于干制水分的蒸发和防止附着糖液的焦化和褐变，需将大蒜片表面的黏性物质和糖液冲洗干净。如漂洗不干净，会导致干制品发黄；漂洗太过，又会导致水溶性成分、香味和辛辣味损失过大。

⑤ 沥水。甩干大蒜片表面的水分，可以用离心机，转速可设定在1500转/分，用时2分钟。

⑥ 摊筛。沥水后的大蒜片，迅速摊放在网筛上，可用孔径为3毫米×3毫米或5毫米×5毫米的不锈钢或者尼龙材质的网筛，铺放需均匀，不可过厚或过薄。

⑦ 烘制。把铺着大蒜片的烘筛放入干燥机里，烘制温度设定到60℃，不宜超过65℃（为避免香味、辣味过度损失，以及大蒜片发红、发焦），大约经过6～7小时大蒜片含水量降至6%以下，干制结束。

⑧ 分拣包装。把烘制好的大蒜片放置在烘架上，让其自然冷却，分拣出未干片、粘连片以及变色片等不合格的大蒜片，待冷却后装入塑料袋中密封。

⑨ 成品。呈现色泽均匀的白色或者浅白色，具有浓郁的大蒜干制品风味，含水量不超过5%、组织收缩不严重的即为合格的优质大蒜片。

2. 速溶大蒜粉

（1）原料 选择新鲜的紫皮，且辛辣味较重的大蒜，如四川正月早、金乡大蒜等。

（2）工艺流程

选料→浸泡打浆→脱水→烘制→粉末→包装

（3）操作要点

① 选料。选取收获时叶子发黄、茎节枯黄、蒜头大、蒜瓣洁白、无病虫害与机械损伤的大蒜为原料，剔除不合格的蒜瓣。

② 浸泡打浆。将分选好的大蒜用清水清洗干净，剥开分瓣，并放入冷水中浸泡 1 小时左右，搓干净外皮，捞起沥干水分。下一步将沥干水分的蒜瓣放入打浆机，开始粉碎打浆。打浆时要加入三分之一的净水。为了除去残留的蒜皮等杂物，打浆后用粗纱布过滤蒜泥。

③ 脱水。脱水就是压榨蒜泥的水分，用细布像压豆腐一样压出水分，不能拖延时间，要迅速，以防蒜浆变味影响质量。以上工具使用后要立即清洗，以免下次使用时变质、变味。

④ 烘制。把脱水后的湿蒜粉立即摊放于烘盘上，再将烘盘放入烘房，控制烘房的温度在 50℃左右，约烘制 5 小时，直到蒜泥能碾成粉末为止。

⑤ 粉末。趁热再用粉碎机继续粉碎，并且过筛，使蒜粉均匀，成粉状即可。

⑥ 包装。将检验合格的干大蒜粉末直接装入食品塑料袋，密封装箱。包装前也可按一定比例放入花椒、陈皮、桂皮、小茴香等粉末，制成混合型调味大蒜粉。

⑦ 粉碎。也可以利用脱水蒜片进一步加工蒜粉，原料的含水量一般控制在 5% 以下，利于充分粉碎。

3. 大蒜脯加工

（1）原料　同"1. 脱水大蒜片"。

（2）工艺流程

原料选择→整理→熏硫→盐渍、脱臭、糖煮、调味→烘制→回潮、分拣、包装

（3）操作要点

① 原料选择。选取成熟度好、干燥、整洁、蒜瓣洁白、光泽度好的大蒜，叶子发黄、茎节枯黄、蒜头适中、无病虫害与机械损伤。

② 整理物料。首先将选好的大蒜物料去皮分瓣，剔除不合格的蒜瓣。采用人工去皮，效率较低，但是较为干净；也可采用机械去皮，效率较高。然后漂洗物料，可放入类似于大缸的大型储水容器中浸泡 6～8 小时，为了更好地漂洗干净蒜米黄水，应每隔 2 小时更换一次清水；清理干净大蒜物料的内衣，沥水，再漂洗 8 小时。最后将蒜瓣捞出，沥干水分。

③ 熏硫。清理干净的大蒜物料需要熏硫约 1～1.5 小时，一般每 1000 千克大蒜用硫约 5 千克。

④ 盐渍、脱臭、糖煮、调味。首先，熏硫后的大蒜物料需入缸腌制24小时，为保障腌制均匀需倒缸10次；一般用盐量与物料的比是1：20。之后方可切成两半，以清水浸泡漂洗10小时，目的是降低蒜瓣的咸度，每隔2小时换水一次，直至口感略咸即可。接着将蒜瓣物料倒入1.5%～2%的醋酸溶液（需要煮沸）中煮15～20分钟以除去臭味，再捞出放置清水中漂洗，直至溶液变为中性为止。其次是进行糖煮，把除臭后的物料倒入浓度为30%内含0.3%柠檬酸的3份糖液中（蒜瓣物料为1份），微火慢煮，当糖液浓度为50%、蒜瓣透明时捞出，迅速用95℃的水冲洗干净表面糖渍。最后需要调味，按陈皮：小茴香：桂花：水＝2：3：3：15的比例小火煮沸1小时即成调味汤料，一般1000千克蒜瓣物料需要20千克盐和15千克味精与100千克调味汤料的混合溶液，搅拌均匀。

⑤ 烘制。选用烘房或者烘干机均可，将蒜瓣物料均匀地摊铺于烘盘上，不要太厚，太厚影响烘干时间。送入烘房，需要烘制8～10小时，温控在65℃左右；当成品含水量为18%～20%时即可停止烘干。

⑥ 回潮、分拣、包装。为平衡水分，烘干后的成品需要密封回潮36～48小时；然后取出成品，分拣剔除干瘪、煮烂、焦煳等不合格产品。用专用食品塑料袋密封包装，贮藏。

4. 脱水阔叶大蒜

（1）原料　新鲜大蒜苗。

（2）工艺流程

精选原料→整理清洗→切块浸洗→护色→烘干→质检→包装贮藏

（3）操作要点

① 精选原料。选取长度为50厘米以上，叶子鲜嫩，无斑点，无黄叶，叶阔的新鲜大蒜苗。

② 整理清洗。将大蒜苗剔除外层老叶，把假茎和叶子切分开来，用清水洗去原料表皮的泥沙等杂质。注意两部分分开清洗。

③ 切块浸洗。将原料叶子切分成0.8～1厘米的长方块；茎部纵向切开成半圆，切成同样大小的块儿。然后倒入清水里，浸泡清洗，不断翻动，达到清洁的目的。最后用清水再度冲洗，捞出沥干水分。

④ 护色。为保证干制品色泽需要进行护色处理，即将沥干水分的蒜苗块倒入0.2%的小苏打水中，浸泡5分钟，捞出，甩干（可用离心机）。

⑤ 烘干。将原料块均匀地摊铺于烘盘（烘筛）上，温控在60～65℃，当原料水分含量达到6%时即可停烘。

⑥ 质检。挑拣出未烘干的潮块，再度入烘。去除黄叶、老梗以及变色的不合格产品。

⑦ 包装贮藏。为防止干制品吸潮，应迅速装箱。先用复合薄膜包装，然后进行密封，再装入纸箱。箱外打孔，于阴凉干燥处存放，防止吸潮而变质。密封装入大蒜茎每箱 15 千克，大蒜叶每箱 10 千克。

二、洋葱的干制

洋葱（*Allium cepa* L.）又称圆葱、葱头，属于百合科葱属，原产西亚和地中海地区，约 20 世纪初传入我国，现我国各地均有栽培。洋葱的主要产品器官是肉质鳞茎，其含有前列腺素 A，可用于降低血压、提神醒脑、缓解压力、预防感冒。此外，洋葱还能清除体内氧自由基，增强新陈代谢能力，抗衰老，预防骨质疏松，是适合中老年人的保健食物。

1. 脱水洋葱片或者条

（1）原料　新鲜洋葱，适宜的品种有南京黄皮。

（2）工艺流程

选料→整理→切分→漂洗→沥水→摊筛→烘制→分拣包装→成品

（3）操作要点

① 选料。选取充分成熟的，鳞茎大型或中等大，结构紧密，颈部细小，肉质辛辣，鳞片为白色或者淡黄色且无腐烂、出芽、机械损伤或者虫蛀的原料。外观呈现出洋葱的茎叶已经干边儿，外层老熟的状态时采收。

② 整理。切梢儿，去根，剥皮。可人工用小刀切去洋葱梢儿，削去根部，剥去外皮，剥到露出新鲜的淡黄色、嫩白色或者红白色肉质为止，用清水洗净。

③ 切分。用切片机把洋葱按大小并且沿着横径切分为宽度为 4 厘米的条状。在切分过程中边切边用清水冲洗（和大蒜一样），抖开重叠的。也可切成不同直径的环状片，厚度为 3～5 毫米。

④ 漂洗。切分好的洋葱片立即倒入清水中流动漂洗，需要不断地更换或者补充新水。为了有利于干制水分的蒸发和防止附着糖液的焦化和褐变，需将洋葱片表面的胶质物和糖液冲洗干净。漂洗后也可将洋葱片浸没在 0.2% 的柠檬酸中进行 2 分钟护色。

⑤ 沥水。甩干洋葱片表面的水分，可以用离心机，转速可设定在 1500 转/分，用时 30 秒。

⑥ 摊筛。沥水后的洋葱片，迅速摊放在网筛上，可用孔径为 3 毫米×3 毫米或 5 毫米×5 毫米的不锈钢或者尼龙材质的网筛，铺放需均匀，不可过厚或过薄。

⑦ 烘制。把铺着洋葱片的烘筛放入干燥机里，预热升温到 60℃ 上下，整个烘干过程把温度把控在 58～60℃，大约经过 6～7 小时洋葱片含水量降至 5％ 以下即完成烘制。

⑧ 分拣包装。把烘制好的洋葱片放置在烘架上自然冷却，分拣出未干片、粘连片以及变色片等不合格的洋葱片，待冷却后装入塑料袋中密封即可。

⑨ 成品。呈现色泽均匀的黄色或者紫色，具有浓郁的洋葱干制品风味，含水量不超过 5％、组织收缩不严重的，即为合格优质的洋葱片。干燥率为（12～16）∶1。

2. 洋葱粉加工

用粉碎机把脱水洋葱片或者条粉碎成 80 目的细粉，包装成 30 克一小瓶的瓶装。

三、香葱的干制

香葱（*Allium ascalonicum*）又称葱、细香葱、北葱、火葱，百合科葱属植物，鳞茎外皮红褐色、紫红色至黄白色，膜质或薄革质。叶为中空的圆筒状，向顶端渐尖，深绿色，常略带白粉。植株小，叶极细，质地柔嫩，味清香，微辣，主要用于调味和去腥。

1. 原料

香葱。

2. 工艺流程

选料→整理漂洗→切分→冲洗→烘制→质检→包装→成品

3. 操作要点

① 选料。香葱原料青绿，无斑点、虫咬，长度约 50 厘米，粗细均匀，没有枯黄叶尖和烂叶霉叶。

② 整理漂洗。用刀切去葱头，清理掉枯尖和干枯霉烂的叶子。用含氯的水将香葱清洗干净，剔除不合乎要求的原料。

③ 切分。一般切成 5 毫米（一般出口为 3～4 毫米或者 4～6 毫米）左右的葱段，可把香葱放在切菜机中切分。

④ 流动水冲洗。在流动的含有效氯 25～30 毫克/千克的水中冲洗 2～3 分钟，之后于篮中沥干水分。

⑤ 烘制。可选用内径为 185 厘米、125 厘米、10 厘米的不锈钢蒸汽烘箱烘干香葱段，箱底为网状，以便热气由底部进入，一般设置烘干温度为 85℃ 左右，每次烘干时长约 90 分钟。

⑥ 质检。最好进行两次人工挑选，将枯萎的以及杂质除去。用食品异物探测器查验杂质，以保证干制品中不含有铁渣、塑料等杂质，确保干制品的卫生以及食品安全。

⑦ 包装。纸箱内附有双层塑料袋包装。

⑧ 成品。色泽均匀、翠绿一致，长度基本一致，有弹性，呈管状。

第七节　绿叶类蔬菜的干制

这里仅介绍菠菜的干制。

菠菜（*Spinacia oleracea* L.）又名波斯菜、赤根菜，属藜科菠菜属，一年生草本植物，原产于伊朗，10 世纪传入我国，现世界各地普遍种植。菠菜的种类很多，按种子形态可分为有刺种与无刺种两个变种；按叶型不同可分为圆叶菠菜和尖叶菠菜两种。菠菜有"营养模范生"之称，其富含类胡萝卜素、维生素C、维生素 K、矿物质（钙质、铁质等）、辅酶 Q10 等多种营养素。

1. 原料

新鲜菠菜。

2. 工艺流程

选料→整理→清洗→干制→压块→包装→成品

3. 操作要点

① 选料。选取新鲜的菠菜，叶片硕大、肥厚，健全，无机械损伤，无病虫害，生长良好。

② 整理。去除烂叶、腐叶、老叶和根部，清理掉泥沙。

③ 清洗。将整理好的菠菜用清水冲洗干净。

④ 干制。人工干制的干制设备有传统的简易烘房，也有现代化的人工干制机。烘房的设备费用较低，操作管理比较容易，适于目前广大农村大量生产脱水菠菜时使用。采用烘房生产脱水菠菜时，将菠菜沥去过多的水分，摊放在烘盘中，置于烘架上。每个烘盘的装菜量以不影响烘盘间的空气流通为度。烘房内保持 75～80℃的恒温，经 3～4 小时可完成干燥。在接近干燥时，将温度降低至50～60℃，使其稍稍回软，以利压块包装。每 100 千克鲜菠菜可制成 8 千克的脱水菠菜。脱水菠菜的含水量对贮藏效果影响很大，在不损害制品质量的条件下，含水量越低，贮藏效果越好。

烘制前烫漂会使菠菜干的质地发脆，容易碎裂，所以菠菜烘制前可不烫漂。

⑤ 压块。菠菜干烘好后，为了避免转凉变脆，应立即进行压块。

⑥ 包装。塑料袋密封包装，再装箱。

⑦ 成品。菠菜干呈深绿色，叶片卷曲、干脆。干燥率为（16～20）：1。

第八节 薯芋类蔬菜的干制

一、甘薯的干制

甘薯 [*Dioscorea esculenta*（Lour.）Burkill] 是薯蓣科薯蓣属缠绕草质藤本植物。块根是贮藏养分的器官，也是供食用的部分。分布在 5～25 厘米深的土层中，先伸长后长粗，其形状、大小、皮肉颜色等因品种、土壤和栽培条件不同而有差异，分为纺锤形、圆筒形、球形和块形等，皮色有白、黄、红、淡红、紫红等色，肉色可分为白、黄、淡黄、橘红或带有紫晕等。甘薯营养丰富，富含淀粉、蛋白质、维生素等，是非常好的营养食品。

1. 甘薯脆片

（1）原料 红薯、白薯、紫薯均可。

（2）工艺流程

选料→整理清洗→蒸煮→打浆、调配、辊轧成形→烘制→包装→成品

（3）操作要点

① 选料。如果是选取红色或者黄色甘薯品种加工的甘薯全粉，适合甘薯片、甘薯饼、甘薯面包、甘薯糕等通过油炸或者蒸煮而加工的产品。选取无病虫害、无霉烂变质、无芽、无机械损伤、不露青头的优质红薯。

② 整理清洗。手工去皮，用刀削去外表皮，剔除芽眼，清理干净泥沙等。用流动清水洗净甘薯。为防止甘薯表皮在空气中氧化褐变，在蒸煮前可将甘薯浸没在清水中。

③ 蒸煮。把整理好的甘薯放置于蒸煮锅内蒸煮，常压蒸煮直至熟而不烂为止。

④ 打浆、调配、辊轧成形。将蒸煮熟的甘薯捣烂成泥，给薯团添加 40% 的玉米淀粉、5% 的复合膨松剂，均匀调配后辊轧成形。

⑤ 烘制。将辊轧成形的甘薯坯单层放置于烘盘或者烘筛中均匀摆放，送入烤箱烘烤。在 130℃ 的温度条件下烘烤 9 分钟，可烘制出表面金黄色（以红薯为例）、平整、口感松脆、有甘薯烘烤香味、无不良异味的甘薯脆片产品。

⑥ 包装。密封袋保存，放置于卫生环境达标的地方贮藏。

⑦ 成品。干薯片厚度约为 0.9 毫米，脂肪含量为 7.5%，总糖（以葡萄糖

计）含量为 15％，含水量为 3.5％。

2. 甘薯粉

（1）原料　新鲜甘薯。

（2）工艺流程

选料→清洗整理→切分→护色→破碎→干制（离心或者压榨）→粉碎→包装

（3）操作要点

① 选料。要根据甘薯粉的不同用途选取不同的甘薯品种。

② 清洗整理。用流动清水洗净甘薯表面的泥沙、灰尘，芽眼凹陷处注意清洗干净，以避免细菌等污染残留。用手工或者机械均可去除甘薯表皮。

③ 切分。将整理好的甘薯用蔬菜切片机切成一定规格的薯片或者薯丁，注意切分均匀。

④ 护色。将去皮切片或者切块后的甘薯迅速地放入 0.1％的焦亚硫酸钠溶液中，5～10 分钟后取出，也可以用食盐配制成 0.5％的溶液，将切分好的甘薯片或者薯丁浸泡数分钟。

⑤ 破碎。将浸泡好的甘薯片或者薯丁进行破碎或者压榨。

⑥ 干制。新鲜的甘薯含水量为 75％，可用离心（或者压榨）去除水分，然后再干制完成。运用离心式甩干机去除部分水分，再晒干或者烘制。烘干的温度一般在 45～50℃，干制时间可根据甘薯片或者薯丁的大小确定，干制品最终水分含量在 6％以下。

⑦ 粉碎。将干燥后的甘薯片或者薯丁用锤式粉碎机粉碎，甘薯粉的细度在 80 目左右。

⑧ 包装。密封包装。

二、姜的干制

姜（*Zingiber officinale* Rosc.）俗称生姜，属于姜科姜属，多年生草本宿根植物，常作一年生栽培，起源于中国及东南亚地区，我国除东北和西北高寒地区外均有栽培。我国姜的品种很多，多以根茎的皮色或芽的颜色、形状或地方命名，如浙江嘉兴红爪姜、湖北来凤姜、安徽铜陵白姜、山东莱芜片姜和辽宁丹东白姜等。生姜辛辣、香气浓郁、营养丰富，具有重要的药用价值，其中药性表现为：发散风寒、化痰止咳，又能温中止呕、解毒等，常常用于外感风寒及胃寒呕逆等症的治疗。

1. 生姜干

（1）原料　新鲜姜。

（2）工艺流程

选料→整理清洗→切分→烫漂→干制→质检包装→成品

（3）操作要点

① 选料。选取新鲜的姜，表面没有异味或硫黄味；有专门的味道，姜味不浓或味道改变的不好；正常生姜外表粗糙，较干，颜色发暗；外表太过光滑，非常水嫩，呈浅黄色不好；姜皮太易剥落，掰开后，内外颜色差别较大的品质不好。

② 整理清洗。清除姜表面的泥沙，冲洗干净。

③ 切分。可人工也可机械切分，将晾干的姜切分为 0.3～0.5 厘米均匀厚度的姜片。

④ 烫漂。干制前把姜片放置于沸水中烫漂 5～6 分钟，捞出后用干净冷水冷却，沥干水分后，把姜片摊在烘盘上摊晒。摊晒时要求四周稍厚、中间稍薄，前端稍厚、后端稍薄，以达到均匀干燥的效果。

⑤ 干制。可进行自然干制，也可人工干制。人工干制是将摊晒好的姜片置烘房内烘干。烘干时温度应由低到高，开始 45～50℃，最后 65～70℃，这样可以避免淀粉糖化变质发黏。烘烤 5～7 小时，姜片呈不软不焦状态，含水量达 11%～12% 时即可出烘房。

⑥ 质检包装。挑出杂质、碎屑，将合格产品装入塑料袋中密封保存，保质期约 2 年。

⑦ 成品。肉质细腻，色泽一致，厚薄均匀，姜味浓郁，无杂物，无霉斑，无污染。

2. 生姜粉

将干生姜片用粉碎机粉碎，过 80 目筛得到生姜粉。

生姜粉：一般微黄色或者乳白色，具有浓郁的生姜辛辣味，无焦煳味，无苦味，无异味等。含水量 12% 以下。

3. 风干姜（姜的自然干制）

（1）原料　新鲜生姜。

（2）工艺流程

选料→漂洗→日晒→成品包装→贮藏

（3）操作要点

① 选料。选取新鲜的姜，表面没有异味或硫黄味；姜味不浓或味道改变的不好；正常生姜外表粗糙，较干，颜色发暗；外表太过光滑，非常水嫩，呈浅黄色的不好；姜皮太易剥落，掰开后，内外颜色差别较大的品质不好。

② 漂洗。可人工清洗（适合小规模生产），也可机械冲洗（效率高，适合大规模生产）。用高压水将生姜表面的泥沙污垢冲洗干净；剔除干缩、发芽、虫蛀以及有病态的物料。

③ 日晒。无论夏季还是冬季晾晒都需要注意卫生问题，不能直接放置于地面上，以免粘到土以及再次被细菌污染等；一般均匀地平摊于晒席、竹筛、篷布等工具上。为避免洗过的生姜着地一面受凉（不易被发现，装袋后会发病烂掉），冬季晾晒要在上午 10 点以后气温回升之时，一般需要 3～5 天。

④ 成品包装。将风干姜装于用瓦楞纸特制的纸箱内，四周都留有四个通风口，箱盖上也留有长方形口，有利于成品的透气通风，而且纸箱内要备有防潮纸。

⑤ 贮藏。防止风干姜再次回潮的方法是避免与含水量较大的果蔬混放，将其存放于恒温库内，空气相对湿度为 60%，温控在 13℃。

三、马铃薯的干制

马铃薯（*Solanum tuberosum* L.）俗称洋芋、土豆，属于茄科茄属，一年生草本植物，原产于秘鲁和玻利维亚的安第斯山区，17 世纪传入我国，各地普遍种植，目前是全球第四大重要的粮食作物，仅次于小麦、稻谷和玉米。马铃薯的块茎为主要产品器官，其含水 75%～82%、淀粉 17.5%、糖 1%、粗蛋白 2%，以及多种维生素和矿质元素。

1. 原料

马铃薯。

2. 工艺流程

选料→整理、切分、浸泡→烫漂、硫处理→干制→质检包装→成品

3. 操作要点

① 选料。选取新收获的表皮薄，芽眼小而浅，块茎大呈圆形或者椭圆形，无疤疤、虫蛀，修理损耗少，肉质白或者淡黄色，干物质含量高（不低于 21%）的马铃薯，其中淀粉含量不超过 18%。久藏的因其糖分高易褐变不宜干制。

② 整理、切分、浸泡。用清水将马铃薯表皮的泥沙等杂质清洗干净，然后去皮。可选用的去皮方式有碱液去皮（碱液为含碱 5%～10% 的沸水溶液）、机械去皮和人工去皮。去皮后再用清水冲洗干净，沥干水分。为防止变色，去皮后的马铃薯应立即浸入 0.1% 的食盐水中。然后将去皮后的马铃薯切分成 12～13 毫米的方块，或 4～7 毫米的条块，或者是 3～4 毫米厚的薄片。切分好的马铃薯倒入清水中浸泡，为了去除部分淀粉和龙葵素须不停地搅动。

③ 烫漂、硫处理。切好的马铃薯放在 80～100℃ 水中烫漂 10～20 分钟，用 0.3%～1% 亚硫酸盐溶液处理 2～3 分钟。然后捞出放在流动的清水中冷却，这一步是为了去除表面焦化的淀粉粒，凉透了捞出沥干水分。

④ 干制。进行漂烫和硫处理后的马铃薯片块均匀地摊放在竹筛上，装载量 3～6 千克/平方米，层厚 10～20 毫米，干燥后期温度不超过 65℃，完成干燥需 5～8 小时。含水量降至 7% 以下，即完成马铃薯的脱水。一般成品含水量在 5%～8% 之间，干燥率为（5～7）：1。

⑤ 质检包装。去除变色或者形成硬块的马铃薯干制品。将马铃薯干制品用塑料薄膜食品袋密封包装，然后用纸箱或者其他包装箱包装。

⑥ 成品。优质的马铃薯干制品呈白色或者淡黄色，半透明，质坚易碎。

四、山药的干制

山药的学名是薯蓣（*Dioscorea oppositifolia* L.），属于薯蓣科薯蓣属，一年或多年生草质藤本植物，原产我国，现东亚地区普遍栽培。山药主要产品器官为块茎，其富含淀粉，可作为蔬菜或主食；入药能补脾胃亏损，治气虚衰弱、消化不良、遗精、遗尿及无名肿毒等。

1. 人工干制山药片

（1）原料　优质山药。

（2）工艺流程

精选原料→整理清洗→切分上筛→烘制→成品包装

（3）操作要点

① 精选原料。采收山药时注意其完整性，尽量不要出现破损，呈圆形、瘤少、表面光滑、无冻伤及病虫害。

② 整理清洗。将原料浸泡在清水中约 10～15 分钟，清理干净表皮泥沙、毛根等杂质，以流动清水冲洗干净，用竹片轻轻刨去外皮；如果产量大需要效率高可用机械去皮冲洗。

③ 切分上筛。将去皮后的山药原料沥干水分，切成 3～4 毫米厚度的片（也可根据需求切成小块状）；然后均匀平铺于烘筛上，不要太厚，以免影响干制品品质。

④ 烘制。送入干燥箱内（也可以用烘房），约需要 7～8 小时的烘干时间，温度控制在 45℃ 左右，成品水分含量在 10% 左右即可停止烘制。

⑤ 成品包装。剔除变色、破碎、粘连的劣质成品。山药片长时间暴露于空气里，易吸收空气中水分，需要密封包装，再放于纸箱内。存放于无污染、无虫

害、干净整洁的仓库内。

2. 晒干山药片（干）

山药整理清洗方法如上所述，切片后浸泡于高于中等温度的（可以是80℃）热水中约30～45分钟，沥干水分，单层平铺于竹筛上，暴晒于太阳底下，达到干制成品水分含量要求，晒制时间与天气有关。如遇阴雨天，置于通风处，每层间用木棍、竹子等隔开，不要叠放。这种方法的优点是节省能耗开支，适宜少量生产；缺点是会受天气影响，效率较低，成品品质不易保证。

3. 山药粉

无论是人工烘干还是晒干都会有不合格的山药或者是山药干残片被挑拣出来，用磨浆机（打浆机）将这些不合格原料（或成品）磨浆。先用80目筛把浆粉筛一遍，再用100目筛筛第二遍。筛下的浆粉都送入离心机，目的是利用离心力分离液体与固体颗粒。再把沉淀下来的粉末送入烘干机，温度控制在40～50℃，烘干到成品含水量为10%左右即可（可以处理部分下脚料，也可以用新鲜山药直接加工）。

五、魔芋的干制

魔芋（*Amorphophallus konjac* K. Koch）是天南星科魔芋属植物，魔芋含有丰富的碳水化合物，热量低，蛋白质含量高于马铃薯和甘薯，微量元素丰富，还含有维生素 A、维生素 B_1、维生素 B_2 等，特别是葡甘聚糖含量丰富，具有减肥、降血压、降血糖、排毒通便、防癌补钙等功效。

1. 原料
新鲜魔芋。

2. 工艺流程
精选原料→整理清洗→切分→穿挂→干制→成品质量→包装贮藏

3. 操作要点

① 精选原料。选取个头大、体重、无病虫害、无机械损伤的新鲜魔芋，一般200克以下的不建议采用。

② 整理清洗。将魔芋原料用流动的清水冲洗干净，使劲刷去表皮上的泥沙等杂质。

③ 切分。可切成厚度为0.5厘米的片状。

④ 穿挂。将魔芋片穿成串，可用竹签扎孔再串起来，悬挂于室外空旷处或者木架上。

⑤ 干制

a. 晒干法

将成串的魔芋片暴晒于阳光下晒干，需要注意防虫害、防灰尘等。

b. 人工干制

人工干制的方法很多，可以用烘房烘烤、烤箱烘烤，还可以用一些干燥设备，这些机械一般多用于企业生产，例如振动流动床干燥设备、网带式干燥设备、隧道式干燥设备、气流干燥设备、高效强力快速干燥机等。人工干制法温控在60~75℃，干制前期温度较高、后期会低一些。

⑥ 成品质量。一般干魔芋片含水量在15%及以下，手触感，粗糙、有刺触感；断面，有细密沙粒可见，肉质均匀；色泽，外观洁白、均匀、有光泽，掰开断面与表面同色；杂质，无表皮残留、无泥沙。可借助灯光照射检查干魔芋片，透光的为佳品。通常纯白色为一级品，边角和灰白色的为二级品，凹壳和灰黑色的为三级品，其他的均为等外品。

⑦ 包装贮藏。干魔芋片需要按成色分级包装，包装为两层，里层用塑料袋密封包装，外层可用麻袋或者编织袋包装，贮藏于通风、干燥、整洁的库房内。注意防虫害以及污染。

六、香芋的干制

香芋（*Colocasia esculenta*）属泽泻目天南星科芋属属中的栽培种，多年生草本植物，做一年生栽培。香芋的食用部分球状块根，外观似小土豆，直径一般为2~4厘米，表皮黄褐色，其肉似薯类，但味道好似板栗，甘而芳香，食后余味不尽，故名香芋，其营养丰富。与一般芋头的不同点是：叶柄连叶顶中央着紫红点，叶柄绿色，球茎肉质有紫红斑纹，香芋的主食部分为球茎，叶柄可腌芋荷、作青饲料等，球茎纤维少，淀粉含量高，食用沙又香，味美可口，深受消费者喜爱。

1. 原料

鲜香芋。

2. 工艺流程

清洗、去皮、切片→热烫→热风干燥→香芋片

3. 操作要点

① 清洗、去皮、切片。新鲜香芋清洗去皮后切片，大致切成5厘米×5厘米×0.3厘米的片状。

② 热烫。将护色后的鲜香芋置于沸水中，漂烫处理90秒。

③ 热风干燥。将预处理后的物料分别置于 75℃、80℃、85℃、90℃、95℃ 的电热恒温鼓风干燥箱中进行热风干燥，干至水分含量≤5％（干基计）时为干燥终点。

第九节　水生类蔬菜的干制

一、藕的干制

藕，又称莲藕（*Nelumbo nucifera* Gaertn），属莲科植物根茎，可餐食也可药用。其在我国大部分省份均有种植。藕微甜而脆，可生食也可煮食，是常用餐菜之一。藕也是药用价值相当高的植物，它的根叶、花须果实皆是宝，都可滋补入药。用藕制成粉，能消食止泻，开胃清热，滋补养性，预防内出血，是老幼妇孺、体弱多病者上好的流质食品和滋补佳珍。藕含有丰富的维生素 C 及矿物质，具有药效，有益于心脏，有促进新陈代谢、防止皮肤粗糙的效果。

1. 原料

莲藕。

2. 工艺流程

选料→去泥、去皮、清洗→切块（片）→护色→浸泡、烫漂、挂浆→干燥→包装→成品

3. 操作要点

① 选料。选择出品率高，产品外形平整，不会产生表面收缩现象的成熟白莲藕；不用紫色藕。无腐烂变质，孔中无严重锈斑，藕节完整。同时按藕径适当分级。

② 去泥、去皮、清洗。先清除表皮泥沙；然后去皮，可机械去皮，也可人工去皮，相比较，人工去皮其产品质量比机械去皮好控制。用不锈钢刀去掉藕节，用不锈钢刀或竹片刮去表皮，并将机械伤、斑点等除尽。去皮时应注意厚薄均匀，表面光滑。用流动的清水冲洗干净。立即浸入 1.5％的柠檬酸溶液中暂时保存，以防止变色。

③ 切块（片）。藕块大小应根据要求确定，用于煨汤的藕块，大小以 3 厘米×5 厘米为宜（太小不符合莲藕煨汤的习惯，太大脱水干燥困难，且脱水时间长，容易褐变，质量不好控制）。或者用不锈钢刀将藕片切成约 1.5 厘米厚的薄片，要均匀一致，同时注意形态完整。

④ 护色。脱水藕干在生产过程中的褐变，主要发生在去皮、切块、烘干前

至烘干水分含量为 30％～40％的时候。所以去皮、切块后应及时浸泡到护色液中护色（护色液主要是浓度小于 0.4％的亚硫酸钠，用盐酸调节 pH 值）。

⑤ 浸泡、烫漂、挂浆。浸泡时间根据需要，一般控制在 30 分钟以上到 3 小时不等。或者增加温度来缩短浸泡时间。沸水烫漂 3～5 分钟灭酶，控制褐变。挂浆液由护色液加 5％的纯淀粉或变性淀粉组成。挂浆的目的是防褐变，因藕干干燥时间长，亚硝酸盐易受热分解。若不挂浆，当干燥至含水量为 30％～40％时，亚硝酸盐已分解完，起不到控制褐变的作用。若增加亚硝酸盐用量，又会造成产品中亚硝酸盐残留量超标。通过挂浆处理，淀粉将亚硝酸盐吸附包裹在内部，控制释放，减缓分解速度，达到防止褐变的目的，且淀粉对产品质量不会产生不良影响。

⑥ 干燥。可用热风干燥机，采用中温中速干燥，保证产品表面平整、无收缩。将藕片摊成单层，在 50～55℃下鼓风干燥，时间一般在 8 小时以内，干燥至藕片水分≤10％。如温度控制在 70℃±5℃，约需 5 小时。

⑦ 包装。密封包装，再装箱等。

⑧ 藕干成品。块形完整、大小均匀，表面无收缩、变形现象；只有莲藕的特殊香味，无任何其他异味；白色，且内外均匀一致；藕干水分含量小于或等于 13％，复水性好。

二、莲子的干制

莲子，中药名，为睡莲科植物的干燥成熟种子。分布于我国南北各地。具有补脾止泻，止带，益肾涩精，养心安神之功效。常用于脾虚泄泻，带下，遗精，心悸失眠。

1. 原料

新鲜莲子。

2. 工艺流程

原料精选→整理→干制→包装→成品

3. 操作要点

① 原料精选。莲蓬成熟后及时采摘，遇到阴雨连绵的日子很容易霉烂变质，即便是晴朗的天气也易生虫。选取新鲜的、充分成熟的、莲子较饱满的莲蓬作为干制原料为宜。

② 整理。人工采收莲蓬需要进行三步操作，第一步将莲子从莲蓬里一颗颗剥出，分拣老莲子与嫩莲子，利于去皮机工作。嫩莲子不适宜晒制，更适合直接生食。剔除干瘪、虫蛀、霉变以及人工损伤的莲子。第二步是去壳、去衣，可以

手工，也可以机械完成。第三步是剔除莲子芯，可以手工去莲芯，也可以用专门的莲子去芯机。

③ 干制

烘干：将莲子均匀平摊于烘筛上，不宜过厚；每辆物料车上的烘筛也不宜过多，且烘筛之间需要留有距离，以便确保烘干机（或者烘房）内的热风顺畅通过。起烘，先预热烘房内空气，再送入莲子原料；温控在50℃左右，翻动莲子，确保均匀烘干，大约经过30分钟后，莲子原料表面出汗（有水珠渗出）时，温度控制在50℃以下，一般不低于40℃，通常需要6～8小时左右便可烘干莲子。当莲子含水量在11％以下时便可停烘。

晒干：将莲子或者莲子芯装在竹筛中暴晒于阳光下，所需时间根据天气情况而定。遇到阴雨天需要放置于干燥通风处，以免原料受潮而被虫蛀或者霉烂等。注意环境卫生，可翻动缩短晒制时间。最好不用手直接翻动，以免影响莲子的色泽。

④ 包装。冷却到常温进行包装。干莲子受潮容易被虫蛀，所以需要密封包装，无论桶装、罐藏还是密封袋都可以。干莲子受热莲心的苦味容易渗入。将密封好的干莲子贮藏于干爽阴凉之处。

⑤ 成品。品质好的干莲子色泽微黄且不完全一样，是参差不齐的；飘着淡淡的香气；颗粒较为饱满；足够干的莲子手抓起会咔咔作响等。

第十节　多年生及其他类蔬菜的干制

一、竹笋的干制

竹笋（*Bambuseae species*），禾本科竹亚科多年生常绿植物，原产中国，是传统的森林蔬菜之一。竹笋富含糖、蛋白质、矿质元素和维生素等多种营养成分，具有减肥、防肠癌、降血脂、抗衰老等多种保健功能，是一种新型的保健产品。竹笋及其制品是竹林资源开发中的第二大类产品，是振兴山区经济、脱贫致富、农民增收的重要途径。

1. 原料

新鲜毛竹嫩笋。

2. 工艺流程

选料→整理蒸煮→晾晒剥壳→清理老节和笋衣→切分→干制→熏硫→包装→成品

3. 操作要点

① 选料。选取鲜嫩、肉质肥厚、外形好、没有病虫害和机械损伤的竹笋，春冬两季的均可。

② 整理蒸煮。将新鲜嫩笋去除泥土，用钩刀削去粗老部分，清洗干净放入蒸笼，盖上盖子开始蒸煮。大火约蒸 2～2.5 小时，以蒸至熟透为止。当嫩笋呈半透明状没有生味且带有香气、表皮无水汁时即为熟透。

③ 晾晒剥壳。从蒸笼里取出竹笋，均匀地放在晒席或者竹筛上并置于阳光下晾晒，放置于通风处也可，要散尽热量。待到竹笋凉透后，人工将笋逐节剥去笋壳（笋壳接近笋肉处有一层很嫩的笋壳可以食用，不必剥去）。

④ 清理老节和笋衣。用刀切掉茎部粗老节，剥去笋衣，刮光笋身。

⑤ 切分。为干制和包装做准备，将较大的竹笋纵向劈成两半，如果还是太大，可再切分成 1 厘米或者 1.5 厘米的片状（锥形也可以）。

⑥ 干制。可以采用炭火烘烤，也可以用电热烘烤干制。如果是采用炭火烘烤，要先燃烧木炭，直至炭火无烟且火力合适才可烘烤竹笋。

把整理好的竹笋平铺在烘架或者烘筛上（炭火距离火源 10～25 厘米），为了便于竹笋干透，分三次装竹笋。第一次可装 60%，烘烤时间控制在 60～90 分钟，上下翻动竹笋；第二次可装 30%，烘烤时间控制在 60 分钟左右，上下翻动竹笋；第三次装剩下的 10%，约烘烤 48 小时，待到烘干为止。

⑦ 熏硫。熏硫是保证长期贮存、防止虫害变质以及使笋干色泽鲜艳必不可少的工序。方法之一是在笋片烘干到 7 成时，给笋干喷洒清水一次，再把笋片放到烟熏箱里，密封，烟熏箱下面放置一个木炭上放有硫黄的燃烧木炭的容器，如此对笋片进行熏硫。约 18 小时，炭火熄灭，还需要把竹笋在箱中放置 12 小时，便于充分吸收二氧化硫气体，最后开箱出笋干。另外一种方法是把已经烘干的笋片放置于水中浸泡约 40～50 分钟，笋干变软捞出放进熏箱，密封，其余同第一法。

⑧ 包装。塑料袋密封包装，或者是装在有塑料膜的箱子里，一层层装满压紧，用塑料膜密封盖子，避免受潮或者是硫黄气消失。贮藏于干燥、没有细菌虫害的地方。

⑨ 成品。成品鲜香、脆嫩、无异味，色泽淡黄，光亮圆润，表层有白色绒毛覆盖，基本呈椭圆形，无杂色、无斑点。

二、百合的自然干制

百合（*Lilium brownii*），又名强蜀、番韭、摩罗等，属于百合科百合属多年生草本球根植物，原产于中国，目前已发现 120 多个品种，其中 55 种产于中国。百合不仅是著名的花卉，而且其鳞茎含丰富淀粉，可食用，亦可作药用，鳞茎也富含多糖，具有养阴润肺、抗氧化衰老以及抗癌的功效。

1. 原料

新鲜的百合。

2. 工艺流程

选料→整理剥片、清洗→煮制→摊盘→熏硫→自然晒干（风干）→分级包装

3. 操作要点

① 选料。选用新鲜洁白、片大、紧包的百合鳞茎，剔除"千字头"（即鳞茎小而多、鳞片小且包而不紧）、虫蛀、黄斑、霉烂及表皮变红的，以无机械损伤、品质优良的百合作原料。

② 整理剥片、清洗。将选好的百合鳞茎用剪刀剪去须根、毛根，从外向内剥下鳞片，注意轻剥轻放，防止破损。去除泥土、杂质和皮部老化瓣；将剥下的瓣分为大中小三个等级（大中小比例为 4：5：1），注意要及时清洗，以防百合变黄。将挑选整理后的百合鲜料按照大中小的顺序分别用清水漂洗 2～3 遍。洗净后捞出沥干水分，堆放备用。

③ 煮制（蒸制）。一种是沸水烫煮，锅中倒入适量的清水，加热煮沸，然后倒入百合鳞片，用锅勺搅拌 1～2 圈，加锅盖煮制。外鳞片一般需要煮 6～7 分钟，内鳞片 2～3 分钟。也可嘴尝不生脆，手刮鳞片起粉状，鳞片由白色变成米黄色，再由米黄色变为白色，立即捞起出锅。另一种是蒸制，蒸制法比较难以掌握，一般比较有经验的人会选择这个方法。具体操作方法是：蒸锅内倒入适量的水，待水煮开后将百合片平铺于蒸盘上蒸。蒸盘以竹制的为佳，如是金属大孔的蒸盘宜在蒸盘上铺一层细纱布为好。蒸的时候一般为大火，时间大约为 8 分钟具体操作时要仔细观察百合片的变化，但要注意蒸的过程中不能掀开锅盖。

④ 摊盘。用竹条底、木框边制成长方形专用摊盘，摊盘尺寸约为 75 厘米×45 厘米×6 厘米（外径），底部空隙要求密而均匀，以不漏原料为宜。将烫好的百合瓣从锅中捞取后迅速平摊于盘内（每盘摊放熟料约 0.8～1 千克），平摊时以不重叠为宜，以保证百合干燥均匀迅速。

⑤ 熏硫。进行熏硫处理的是需要保存较长时间的百合干。800 克硫黄可熏制 100 千克百合干，一般关闭熏硫室门窗，放置炭火约熏制 10 小时。

⑥ 自然晒干（风干）。如遇到阴雨天气，则可以薄薄地摊在晒具上，再放置于通风处风干，晴天及时放于阳光下。如遇到阴雨连绵的日子，为了防止霉变，

可选用烘烤法烘干。晴天将冷却后的百合，薄薄地摊于晒席或其他竹筛之类的器皿上，置于烈日下暴晒 3～4 天，用手一折即断时即为成品。

⑦ 分级包装。一般分为五级：甲、乙、丙、丁以及等外级。以长椭圆形、大小均匀、自然黄白色、上尖下宽、微微内弯、无异味为上品。干制后的百合片用食品塑膜袋包装，封装后置于通风干燥处。

三、金针菜（黄花菜）的干制

黄花菜（*Hemerocallis citrina* Baroni）又叫金针菜、萱草、忘忧草等，是百合科萱草属植物。花被淡黄色，有时在花蕾顶端带黑紫色；花被管长 3～5 厘米。黄花菜是重要的经济作物。它的花经过蒸、晒，加工成干菜，即金针菜或黄花菜，远销国内外，是很受欢迎的食品，还有健胃、利尿、消肿等功效。

1. 原料

黄花菜。

2. 工艺流程

选料→整理清洗→蒸→烘晒→挑拣→包装→成品

3. 操作要点

① 选料。金针菜（黄花菜）选用充分发育而未开放的大花蕾黄花菜，最好在咧嘴儿前 1～2 小时采摘，应选取花朵饱满结实、花蕾充分发育、富有弹性、鲜艳的黄色花材为宜，且清晨时采摘质量好。

② 整理清洗。仔细去除杂乱卖相不好的花，去除已开的花蕾，用流动的清水把黄花菜清洗 2～3 次，洗净表面的灰尘、泥沙、杂质后沥干水分。

③ 蒸。蒸制前先把清水倒入锅内，锅内放水的高度距离底层木格条 10 厘米左右为宜，然后生火烧水。清晨采下的黄花菜立即放入蒸制设备内蒸制，铺成厚 6～10 厘米的铺层，宜蓬松，为了利于蒸汽挥发，中间留一个小孔。当水烧开时，迅速地把铺好的花蕾放入蒸橱内。一般蒸制 8 分钟，待同层蒸橱内有蒸汽外冒即可，但是还需考虑火力大小而决定。一般蒸制五成熟即可，颜色由黄转绿，手搓花蕾有轻微的窸窸窣窣的声音，而且花柄开始发软（这是决定黄花菜干制品质量的关键性工序）。

④ 烘晒。把蒸好的花蕾放到干净通风的地方摊晾，待颜色由青绿变成淡黄再进行烘干或者晒干。

晒干：在晒帘上薄薄地摊开晾透的花蕾，为了便于水分向四周蒸发要把晒帘架空。一般晾晒半天后，检查花蕾颜色变白说明蒸制较好。约晾晒 2～3 天即可。

在整个晾晒过程中，要做到勤晒勤翻动，也可用空帘对着翻动，便于花蕾干燥一致。日晒过程中应当注意防止雨淋，如果晒场地面为岩石或者水泥地，则可能会出现因温度过高而导致产品色泽不如架空晒得好。

有两种烘干方法：其一是小型直接温和烘焙法，也就是把烘焙笼放在煤灶或者柴灶上，下面燃烧木炭或者煤进行烘烤。为了使花蕾中的水分迅速蒸发，开始时火温要高。烘干至六七成干度时，减弱火力。一般烘烤 6～8 小时。运用此类方法烘焙的花蕾出品率低，品质也较差。其二是间接火干燥法。这种方法在烘房中运用，也就是把蒸好的花蕾均匀摊放在烘帘上，待烘房中烘具烘热后把烘帘送进烘房。温度设置在 50～70℃，待到半干后拿出来摊晾，这是为了避免一次性烘干产品形成青色僵硬的条，影响感官质量，转天再继续烘干。一般烘干至七八成干就可以了。这种干度贮藏不容易发霉变质，天气晴朗再晒干。第二种方法节能且花蕾色泽良好。

⑤ 挑拣。优等品表现为金黄色且壮硕；中等品表现为黄色，粗细、大小不太均匀；下等品则为暗黄，花条收缩不均匀。使劲抓握干黄花菜，软中带硬富有弹性，松开后很快散开，含水量适度；不太容易散开的湿度太大，含水量太高。

⑥ 包装。用 PE（聚乙烯）塑料袋按一定数量包装，装实，贮藏在合适的温度、湿度、卫生条件下，防潮，防虫蛀等。

⑦ 成品。一级干燥品品质，呈金黄色且壮硕，粗细均匀，无青条，无蒂柄，无杂质，无虫蛀，无霉烂，开花的不能超过 2% 且有香气；二级干燥品品质，呈现黄色，粗细、大小不太均匀，无虫蛀，无霉烂，无蒂柄，无杂质，开花的不能超过 6% 且风味较好；三级干燥品品质，呈现黄色带暗褐色，粗细、大小不均匀，无杂质，无虫蛀，无霉烂，开花的不能超过 12% 且无异味。干燥率为（5～8）：1。

四、甘薯叶的干制

甘薯［*Dioscorea esculenta*（Lour.）Burkill］是薯蓣科薯蓣属多年生缠绕藤本植物，块茎顶端多分枝，茎左旋，基部有刺，叶片为心脏形，花被为浅杯状，果实较少成熟，三棱形，花期初夏。甘薯广泛栽培在全世界各地区，中国主要分布于北方大部分省区以及安徽、福建、湖南、广东等地。甘薯可作为蔬菜煮熟食用，或作为甜点，块根可以煎制作成薯饼、意面、奶油烤菜、甜点等食用，幼嫩的叶子也可食用。甘薯既可以作为主食，还是各种轻工业品的原材料，如淀粉、饴糖、酒、醋等，具有较高的经济价值。

1. 原料

新鲜甘薯叶。

2. 工艺流程

选料→整理清洗→切丝→处理钙质及漂烫→干制→包装

3. 操作要点

① 选料。最好是田间采摘的新鲜嫩叶，当甘薯叶子密布田间时，取顶部以下 10～15 厘米处的嫩叶或者茎尖，选取叶片肥厚且颜色不太深的，无病虫害，无机械损伤，无腐烂变质。运输过程中避免日晒雨淋。

② 整理清洗。将采摘来的新鲜甘薯嫩叶用流动的清水洗去泥沙、灰尘以及其他污物，然后进行分级处理。

③ 切丝。嫩叶片横切成 1 厘米宽的丝状，可人工切分，也可机械切分。丝状的甘薯叶可作一般蔬菜配料。嫩茎尖取一两片可作汤料茶饮的原料。

④ 处理钙质及漂烫。把做好处理的甘薯叶放入 0.2％的氯化钙溶液中浸泡 20～30 分钟，然后再用 1％的碳酸钠溶液浸泡 10 分钟，捞出后用 95～100℃的清水漂烫 1～2 分钟，快速冷却。

⑤ 干制。将冷却的甘薯叶丝装入烘盘或者烘筛，铺均匀，送入烘房。烘房温度控制在 55℃左右，经过 4～6 小时可完成干制，干制品水分含量为 4％，成品率约为 5％。

⑥ 包装。使用真空包装或者充氮包装，以确保干制品的色、香、味稳定。放置于凉爽、干燥、避光、卫生条件达标且无细菌、虫害的环境里。

五、薇菜的干制

蕨类植物中紫萁科紫萁类植物的孢子体嫩叶的加工品称为薇菜，即紫萁（*Osmunda japonica*）植物刚出土不久的嫩茎，其营养价值也十分丰富，中药名为紫萁贯众。薇菜干有红、青两种，即"赤干"和"青干"，是中国目前出口创汇的重要蔬菜之一。其主要含有粗纤维，食用后减肥效果良好，且没有农药与化肥污染，深受消费者欢迎。采摘时间一般在 4 月中上旬，采时一定要采母菜，不允许采公菜。当母菜刚出土不久，顶端绒毛破裂，头上刚出一对嫩枝叶，茎部绒毛正在脱落或已脱落时采收为宜。细的可在 15 厘米处折断，用手除去上面的绒毛，放入篮内，切忌用刀割与连根拔掉。采紫色与绿色均可，越粗壮越长越佳。

1. 烘干

（1）原料

新鲜薇菜。

（2）工艺流程

精选原料→整理→预煮护色→烘干→成品包装

（3）操作要点

① 精选原料。一般薇菜的采收是在其发芽 4～5 天时，幼叶像内拳曲状即可采收；在薇菜羽状复叶 20 厘米左右的部位掐下，且适宜上午采收。由于薇菜生长较快，萌芽数量又多，采收时需把握好部位与时间，以免影响干制品品质。采收下的原料散装于筐内，切忌捆扎（损坏原料表皮），注意防晒、防雨。采收下来的原料不宜存放太久，应尽快加工，时间控制在 4 小时以内。因为存放过久会因损伤香气、氧化或者失水而导致干制品品质下降。

② 整理。将采收下来的薇菜原料进行整理，剔除病虫害、损伤、老化部分，摘净绒毛（预煮后撸毛也可以），清理干净泥沙、杂质，按粗细分类等。

③ 预煮护色。先将薇菜原料倒入沸水中煮 3～5 分钟，当薇菜叶呈现深绿色即可。注意事项：预煮用的锅无油且不生锈；锅内有筛篱或者铁丝网（便于不断翻动原料，使之受热均匀，及时出锅）；薇菜原料要完全浸没于沸水中；菜水比例为 1∶3；每锅水最多煮 3 次；出锅后的原料迅速以冷水浸泡使之冷却，散状放置。然后将其浸泡于 0.2% 的小苏打溶液里，或者是 2% 的食盐水中护色，需要时间 10～15 分钟，捞出沥干水分。

④ 烘干。将预煮后的薇菜原料均匀摊铺于草席或者竹席上，放置于阳光充足之处（或者是通风好的凉棚中）晾晒，一般晾晒 1～2 天即可。当原料半干较软时开始整形，揉搓成圆条形，摆放整齐进行烘干。可采用热风快速干燥，温控在 55℃ 左右即可，当原料茎秆呈现红褐色、叶子呈现墨绿色便可停烘。

⑤ 成品包装。将成品密封于 PE 塑料袋中，存放于干燥通风且无杂味的环境里。包装时可按成品长短分装，较长的可扎成束，避免碰碎干叶，以免影响成品品质。

2. 晒干

（1）原料

新鲜薇菜。

（2）工艺流程

精选原料→整理→预煮护色→晒干→搓揉→成品包装

（3）操作要点

① 精选原料。与烘干部分相同。

② 整理。与烘干部分相同。

③ 预煮护色。与烘干部分相同。

④ 晒干。将预煮后的薇菜原料均匀摊铺于草席或者竹席上，放置于阳光充足之处（或者是通风好的凉棚中）晾晒，一般 15 分钟翻动一次。要避免遭遇淋雨或者被露水打湿，暴露于日光下的原料，夜晚需放置于通风的棚中。

⑤ 搓揉。搓揉可以促进薇菜干弹性和光泽增加，破坏其纤维组织，利于苦汁排除，利于干燥。方法是将薇菜摊铺于草袋片上，顺时针或者逆时针进行圆形搓揉，不可搓断或者揉破表皮，以免影响干制品品质。搓揉至浆汁出来，手感黏黏的，继续均匀摊铺于草席上晾晒。待原料表面浆汁干后继续搓揉。一般进行四次搓揉，后两次力度较之前大。

⑥ 成品包装。将成品密封于 PE 塑料袋中，存放于干燥通风且无杂味的环境里。包装时可按成品长短分装，较长的可扎成束，避免碰碎干叶，以免影响成品品质。

3. 薇菜干质量要求

薇菜干一般直径为 0.2 厘米、长 5 厘米以上，含水量不超过 13%，泡水后复原率大于或等于 8 倍。色泽呈现棕褐色或者棕红色；卷曲状；多皱缩；组织柔软，富于弹性；透明；菜株完整，无黑斑、无霉变、无杂质和异味、无死菜、无老化根等。

六、马齿苋的干制

马齿苋（*Portulaca oleracea* L.）为石竹目马齿苋科一年生草本，全株无毛。茎平卧，伏地铺散，枝淡绿色或带暗红色。叶互生，叶片扁平、肥厚，似马齿状，上面暗绿色、下面淡绿色或带暗红色；叶柄粗短。中国南北各地均产。性喜肥沃土壤，耐旱亦耐涝，生命力强，生于菜园、农田、路旁，为田间常见杂草。全草供药用，有清热利湿、解毒消肿、消炎、止渴、利尿作用；嫩茎叶可作蔬菜，味酸，也是很好的饲料。

1. 烘干

（1）原料

新鲜马齿苋。

（2）工艺流程

精选原料→整理→热烫→烘干→成品包装

（3）操作要点

① 精选原料。将新鲜的马齿苋清理干净，剔除腐烂和变质的、过老的植株和根以及病虫害原料。清洗干净。

② 热烫。将马齿苋原料放入沸水里热烫 3～5 分钟，捞出沥干水分；如果是

防止软烂，可用生石灰水处理，需将石灰水清洗干净。

③ 烘干。将热烫过的马齿苋原料均匀摊铺于烘盘上，不要过厚，送入烘房或者烘箱，温控在 70～75℃，需要烘制 10～12 小时，烘干即可。

④ 成品包装。塑料袋密封包装，防止吸潮。

2. 晒干

民间常用的方法是自然晒干，一般如下法：

（1）如前方法将马齿苋整理并且清洗干净后，用锅蒸的方法稍微蒸至变色，然后暴晒于太阳下即可晒干。

（2）将新鲜的整理好的马齿苋、水和草木灰在一起搅和，目的是让马齿苋上沾满草木灰，然后暴晒于太阳下，一般晒两天就可以。

（3）如前方法将马齿苋整理并且清洗干净后，焯水几分钟，水中需放些盐，将其捞出沥干水分，然后再放到太阳下晒干。

七、苦菜的干制

苦菜，一般指中华苦荬菜 [*Ixeris chinensis*（Thunb.）Nakai]，是菊科苦荬菜属多年生草本植物。生于山坡路旁、田野、河边灌丛或岩石缝隙中。全草入药。

1. 原料

新鲜苦菜。

2. 工艺流程

精选原料→护色→烘干→回软→分级→压块防蛀处理→成品包装储藏

3. 操作要点

① 精选原料。挑选新鲜、无虫害、无机械损伤的苦菜；剔除腐败枝叶以及根；用流动的清水冲洗干净泥沙等杂质，沥干水分。

② 护色。将沥干水分的苦菜原料倒入 0.2％焦亚硫酸钠和 0.2％～0.5％柠檬酸混合液中煮沸进行护色，时间控制在 5～8 分钟。同时也可以达到灭酶杀菌的目的。

③ 烘干。将精选的苦菜均匀摊铺于烘盘上，不要太厚。送去烘房（烘干机），干燥初始阶段温控在 45～50℃，后期阶段温控在 60℃左右即可。干燥过程中应不断翻动原料并且倒换烘盘位置，以便原料能够干燥均匀且一致。还需注意排湿通风，降低烘房内湿度。

④ 回软。烘干后的苦菜存放于密闭的空间内回软约 1～3 天，以便达到原料的含水量一致的效果。

⑤ 分级。将回软后稍微疲软的干制品进行分级，可以根据成品的长度和色泽分级。

⑥ 压块防蛀处理。由于苦菜干制成品容易遭受虫害，所以要进行防虫处理。杀虫剂残留量不能超过国家安全标准；压块前用溴代甲烷熏蒸杀虫；机械和人工压块均可，一般机器压力为 6.86×10^6 帕，时间控制在 1～3 分钟，避免破碎的方法是压块前适量喷热蒸汽。

⑦ 包装储藏。一般用塑料袋密封包装，然后再装箱。遮光储藏于 2～10℃ 的库房里，相对湿度 65％ 以下。

八、蕨菜的干制

蕨 [*Pteridium aquilinum* (L.) Kuhn var. *latiusculum* (Desv.) Underw. ex Heller]，又叫拳菜、龙头菜，是蕨科蕨属欧洲蕨的一个变种，生长于海拔 200～830 米的山地阳坡及森林边缘阳光充足的地方。蕨菜叶芽、嫩茎营养丰富，富含人体需要的多种维生素，蕨菜每 100 克鲜品含蛋白质 0.43 克、脂肪 0.39 克、糖类 3.6 克、有机酸 0.45 克等。蕨菜的食用部分是未展开的幼嫩茎叶，常常利用鲜品和干制品炒菜做汤，蕨菜食用前经沸水烫后，再浸入凉水中除去异味，便可食用。经处理的蕨菜口感清香滑润，再拌以佐料，清凉爽口，是典型的绿色食品。

1. 原料

新鲜的蕨菜。

2. 工艺流程

精选原料→整理→烫漂（护色）→干制揉搓→成品包装储藏

3. 操作要点

① 精选原料。蕨菜采收以 4～6 月份最为适宜，一般选取嫩尖部分的 5～6 片复叶。

② 整理。剔除蕨菜原料中老化的、虫蛀的、损伤的部分，以及清理干净泥沙等杂质，用清水冲洗干净。

③ 烫漂（护色）。将清洗干净的蕨菜原料倒入开水（95～98℃）中烫漂，时间控制在 8～10 分钟，然后立即用冷水冷却至常温。烫漂后的蕨菜容易发生褐变，因此可在热烫液中加入质量分数为 0.2％ 的焦亚硫酸钠和质量分数为 0.2％～0.5％ 的柠檬酸，蕨菜与热烫液的比例为 1：（1.5～2）。也可以在热烫之前使用洁净的硫黄进行熏硫护色；一般每 1000 千克蕨菜的硫黄用量为 2～4 千克。

④ 干制。晒干（或烘干），揉搓。

a. 晒干

将经过护色和烫漂的蕨菜原料理直并均匀地摊铺于烘盘上，暴晒于阳光下；待到外皮开始变干时用手揉搓成圆条状再度晾晒，经过 2～3 小时再揉搓一次，期间需要翻动一次，当晒至蕨菜叶变得干脆即可。剔除过湿结块、断裂破碎的成品；避免蕨菜内外水分蒸发不均匀而造成折断和破碎的方法是回软，堆积存放 1～3 天，从而达到内外水分的平衡，这样也便于压块或包装。

b. 烘干

将经过护色和烫漂的蕨菜原料理直并均匀地摊铺于烘盘上，送入烘房或者烘干机，温控在 60℃左右，约需 5～6 小时便可完成烘干。剔除过湿结块、断裂破碎成品；避免蕨菜内外水分蒸发不均匀而造成折断和破碎的方法是回软，堆积存放 1～3 天，从而达到内外水分的平衡，这样也便于压块或包装。

⑤ 成品包装储藏。蕨菜成品色泽呈现金黄，也会有一些微绿色或者微红色。蕨菜干需要采用低温、低湿条件贮藏，贮藏温度以 0～2℃为宜，一般不宜超过 10℃，相对湿度在 15％以下。

九、藜蒿的干制

藜蒿，又名芦蒿（*Artemisia selengensis* Turcz. ex Bess.），为菊科蒿属植物，又名蒌蒿、水艾、水蒿等。多年生草本；植株具清香气味。嫩茎叶可凉拌、炒食，根状茎可腌渍。生长于海拔 800 米至 3000 米的地区，常生于湿润的疏林中、山坡、路旁以及荒地等。分布于蒙古国、朝鲜、俄罗斯以及中国多地。

1. 原料

新鲜的藜蒿。

2. 工艺流程

精选原料→整理→切段→烫漂→烘干→成品包装储藏

3. 操作要点

① 精选原料。藜蒿（水蒿、蒌蒿、青艾、狭叶艾）需精选，否则木质化程度加重，影响干制品的品质。当藜蒿生长至 18～22 厘米、茎粗为 3～5 厘米时是最佳采收时间，采收脆嫩茎尖以下 10～12 厘米的部分。

② 整理。将采收下来的藜蒿原料剔除老化、虫蛀的以及泥沙等各种杂质，用清水冲洗干净。

③ 切段。一般切成两段，避免铁刀切，会染上铁腥味。

④ 烫漂。将藜蒿原料倒入沸水中烫漂 1～2 分钟，当茎柔软时即可捞出，

随即用冷水冷却至常温，沥干水分待用。烫漂可以去除藜蒿的泥土腥味；钝化酶的活性，使得叶绿素不被破坏，叶子更加鲜绿；以及组织结构利于干制和复水等。

⑤ 烘干。可采用热风干燥，将藜蒿原料按照 8 千克/平方米均匀摊铺于烘盘上，烘干初始温控在 65℃，经过 2～3 小时后降温至 55～60℃，约 6～7 小时便可完成干燥。出品率为 8%～10%。此外，也可用冷冻干燥的方法。

⑥ 成品包装储藏。密封保存。

十、霉干菜的干制

霉干菜亦称乌干菜、梅干菜，是浙江绍兴的一种价廉物美的传统名菜，也是绍兴的著名特产之一。其生产历史悠久，主产于浙江绍兴、台州、慈溪、余姚、萧山、桐乡等地和广东惠阳一带。浙江产者以细叶、阔叶雪里蕻或九头芥腌制。霉干菜是用茎用、叶用芥菜或雪里蕻腌制发酵后，再经晒干的成品。

1. 原料

新鲜的雪里蕻。

2. 工艺流程

精选原料→第一次晒→堆积→整理、切菜→第二次晒→腌→分级、包装、贮藏

3. 操作要点

① 精选原料。霉干菜是雪里蕻（雪里红，芥菜的变种，一年生草本植物，将芥叶连茎腌制，"又称雪里翁"，俗称辣菜）腌制而成的。一般可分春秋两季进行加工，春季是清明前后加工，叫春干菜；冬季在立春前加工，叫冬干菜。选取分叉较多的新鲜较嫩的雪里蕻作为干制品原料，将精选的原料剔除枯黄叶、烂叶和病叶。

② 第一次晒。将选好的雪里蕻原料放于水泥地、木板、篷布、晒席或者是干净的地上均可，进行第一步晒制，目的是晒瘪原料以备用。

③ 堆积。将初步晒过的雪里蕻原料放置于室内的晒席上约 1.5～2 米高，让其自然变黄，一般春菜时间控制在 12～24 小时（春季如气温较高可减少堆积时间，并且及时翻动）、冬菜 24～28 小时（冬季如气温过低可增加堆积时间）。为使原料全面自然变黄，堆积过程中翻动 1～2 次，并且经过两次翻动后的高度为1.2～1.5 米。

④ 整理、切菜。堆积后原料菜叶 60% 左右变黄时，便可动手切除菜根和菜头；然后用干净的清水洗净泥沙等杂质；最后将原料放置于竹席上沥干水分，由

根部开始切成 2～3 厘米的短条状。

⑤ 第二次晒。将切分后的原料短条均匀平摊于晒席上，暴露于阳光下晾晒半天，然后收进室内。

⑥ 腌。一般 1000 千克雪里蕻原料加入 45～50 千克食盐，均匀搅拌后放入腌池或者是腌缸中，层层压实腌制。盖上竹帘，使其自然发酵。春干菜腌制 15～20 天，冬干菜腌制 30～40 天。发现菜叶由青黄变成褐色，再渐渐变成淡紫色时已经腌好。

⑦ 分级、包装、贮藏。包装前先分级，按照质量一般分为三级。一级品：质嫩味鲜，咸淡适度，色泽黄亮，干燥，梗细，长短均匀，且无硬梗和杂质；二级品：质嫩味鲜，咸淡适度，色泽略黄，干燥，长短均匀，无杂质；三级品：味一般，质嫩，色泽较黄亮，干燥，长短均匀，无杂质。将分级后的霉干菜用塑料食品袋分级包装，可根据不同需求包装成不同质量。可装于纸箱或者是双丝麻袋内保存。

十一、野生荠菜的干制

荠菜 [*Capsella bursa-pastoris* (Linn.) Medik.] 是十字花科荠属植物。生在山坡、田边及路旁。荠菜有较高的营养价值，富含蛋白质、糖类、生物碱、矿物质等多种营养成分，以及人体所需的多种氨基酸，茎叶可作蔬菜食用。

1. 原料
野生荠菜。

2. 工艺流程
野生荠菜→分级→清洗→除杂→去黄叶→剪除根部→烫漂→微波干燥

3. 操作要点
① 挑选成熟度一致、无机械损伤、无病虫害的野生荠菜。
② 将荠菜去掉烂叶和杂草，用自来水清洗干净，切除根备用。
③ 将荠菜放于含有柠檬酸的热水中进行烫漂，最佳条件是：柠檬酸浓度 0.5%，烫漂时间 30 秒，温度 85℃。
④ 然后进行干燥，最佳干燥方式是微波干燥，100℃、1.5 分钟。

十二、萝卜叶的干制

1. 原料
新鲜萝卜叶。

2. 工艺流程

精选原料→整理、清洗→切分→烫漂、护色、冷却→压榨、调味、浸贮→烘干→质检→包装贮藏

3. 操作要点

① 精选原料。选取无病的大青根的萝卜叶子，一般叶子全长为 30～45 厘米最为适宜，要求叶形完整、鲜嫩，无机械或者人工损伤，无病虫害；采收原料后不能浸泡于水中，不能用力捆扎以及叠放重压等。

② 整理、清洗。剔除萝卜叶原料的枯叶、泥沙以及草屑等杂质，用流动的清水冲洗 3 次，直至洗净为止。注意：冲洗时选用倾斜槽、水料逆流的方式，还需抖动原料促进清洁度。

③ 切分。将完整萝卜叶子从根基部到茎叶 20 厘米左右切去萝卜梗，茎叶的比约为 7：3。然后将其切分成 10 厘米的段，不足 10 厘米的嫩叶和幼茎也可以放入原料中。

④ 烫漂、护色、冷却。烫漂的目的是有效地抑制叶绿素水解酶以及其他酶的活性，减少氧化（排除蔬菜中的氧气），减少组织中酸的含量。烫漂溶液温控在 95～100℃，成分为 0.17％的小苏打和 3％的食盐混合溶液（pH 8 以上），浸烫时间 1～1.5 分钟。将漂烫后的萝卜叶段捞出，放入冷却槽冷却，迅速降低温度才可以抑制不良化学变化发生，确保中心温度在 10℃以下。

⑤ 压榨、调味、浸贮。将冷却的萝卜叶原料放入压榨机中压榨，压榨后的质量为烫漂前半成品质量的 40％。4 千克半成品压榨后的萝卜叶拌入 680 克食盐和 320 克绵白糖，然后均匀揉制 30 分钟。装入内衬塑料袋的塑料桶中，排气扎口。将调制好的萝卜叶及时放入 0～5℃的保鲜库贮存 3～7 天，使盐渗透平衡。

⑥ 烘干。采用热风干燥技术，分两次进行。注意原料需要摊薄，以免干燥不均匀而影响干制效率和效果。首次干燥：温控在 70℃，间隔 20 分钟翻动一次，发现结团料立即搓散，烘制 1 小时后，把温度降至 65℃，继续烘干 2 小时左右。当原料表面形成盐糖晶体，叶部基本干燥，但梗部水仍未脱干便可停止烘制。此时内部水分主要以结合水状态存在，结合水难以烘除，游离水分布不均，不利于原料的脱水。所以需要均湿，把料装入塑料袋，扎口均湿 2 小时，有利脱水。然后再次烘干：温控在 50℃，间隔 30 分钟翻动一次原料，只需翻动 3 次，烘干时间约为 2.5 小时，即可停烘。

⑦ 质检。萝卜叶干制品水分含量为 5％以内，固形物质含量在 41％左右；长度在 2.5～9 厘米之间，长度小于 2.5 厘米的碎屑在 25％以内；口感幼嫩，无

粗纤维；色泽呈现鲜绿色且均匀，浸水后也为鲜绿色，无焦黄叶等。

⑧ 包装贮藏。停止烘干后稍待片刻，即可将萝卜叶干制品装入塑料袋密封保存。

十三、香椿叶的干制

香椿〔*Toona sinensis*（A. Juss.）Roem.〕是楝科香椿属乔木。香椿被称为"树上蔬菜"，是香椿树的嫩芽。每年春季谷雨前后，香椿发的嫩芽可做成各种菜肴。它不仅营养丰富，且具有较高的药用价值。香椿叶厚芽嫩，绿叶红边，犹如玛瑙、翡翠，香味浓郁，营养之丰富远高于其他蔬菜，为宴宾之名贵佳肴。

1. 原料

新鲜香椿叶。

2. 工艺流程

精选原料→整理→烫漂护色、冷却→烘干→质检→包装贮藏

3. 操作要点

① 精选原料。香椿属于木本植物，野生香椿一年只有一季，所以在原料丰产的季节采收加工贮藏，既丰富了蔬菜品种，又可以增加经济效益。采收香椿原料要适时，农历 3 月至 4 月为最佳时机，需在长成木本前采下来。采收及时的香椿叶原料肉质鲜嫩，色香浓郁，形体丰满，营养丰富。采收时注意保持苞体的完整度，可用刀割下香椿苞，也可以摘下来；另外预防采下的香椿叶干瘪的方法是"保湿"，可用湿布遮盖，也可用类似的方法处理。一般采收的原料不能超过 10 小时再加工，否则会影响干制品品质。

② 整理。剔除香椿叶里的虫蛀、损伤叶，清理干净灰尘等杂质；然后将香椿苞基部的短小硬皮剪去。

③ 烫漂护色、冷却。每次烫漂的香椿叶原料与水的体积之比为 1∶2；避免每次下料过多，在 100℃ 沸水中烫漂 3 分钟；期间需要上下翻动几次，当香椿叶变软后便可捞出。冷却需要及时，以确保香椿的色泽；快速地将其放在 4℃ 的冷水中过一下，并沥干水分。

④ 烘干。香椿叶较薄，即便是自然条件常规干制的，只要操作得好，具有同样的保质效果。将烫漂的香椿滤干，薄薄摊铺于晒盘等器物上并放置于阳光下翻晒。晒干时要特别注意防灰尘、杂质等的污染。

也可以用烘烤干制，一般烘烤的烫漂时间为 2～4 分钟；温控为 60～70℃，需要时间 4～8 小时。或者是将香椿叶用甩水机进行离心甩水，然后采用冷冻升华真空干燥技术，以稳定香椿的最佳色泽及香味。

⑤ 质检。干香椿的含水量以不易碎为度；一般呈现淡绿色，也有的是橘红色；较香。

⑥ 包装贮藏。将干制好的香椿进行分级包装，要用加厚的食品塑料袋进行冷冻真空密封包装（也可用常规方法于自然条件下包装），之后贮藏在阴凉、干燥处待售。只要干制得好，贮藏 1~2 年不变质。食用时用温水浸泡 2 小时左右即可恢复原色原状。

第六章　食用菌的干制加工实例

06 Chapter

第一节　蘑菇的干制

蘑菇（*Agaricus campestris*）称为双孢蘑菇，又叫白蘑菇、洋蘑菇，属于蘑菇科蘑菇属，是世界上人工栽培较广泛、产量较高、消费量较大的食用菌品种之一，我国的双孢蘑菇总产量居世界第二位。随着食用菌产业的快速发展，双孢蘑菇的工厂化栽培已实现，并成为农民增收的支柱产业。蘑菇是一种营养丰富、深受人们喜爱的食用菌，每 100 克鲜蘑菇中约含优质蛋白质 2.9 克、脂肪 0.2 克、碳水化合物 2.4 克、膳食纤维 0.6 克。

一、蘑菇的热风干制

1. 原料

新鲜的蘑菇。

2. 工艺流程

选料→整理→烘干→分拣→成品包装

3. 操作要点

① 选料。要求蘑菇原料新鲜、外形完整，不开伞，伞盖直径 3 厘米以上、柄长不超过 1 厘米，组织结构紧实；菇体洁白而无变色；含水量少；无泥根，无病斑、尘土、杂质污染等。

② 整理。清理干净个别物料的泥根以及泥土和杂质，可用滚筒喷洗机以清水喷洗，洗净后沥干水分，用风力吹干蘑菇表面；也可将蘑菇物料放置于振荡筛

上剔除泥土杂质。干制前需进行分级，可用分级机按菇盖直径进行分级处理，效率较高，一般菇盖直径为 4.5 厘米以上的为一级，菇盖直径为 3.8～4.5 厘米的为二级，菇盖直径为 3～3.8 厘米的为三级。然后按不同需求将蘑菇纵切成伞形薄片，一般为 3～4 毫米，注意厚薄均匀、切面要平滑。

③ 烘干。清理干净烘筛，将蘑菇薄片均匀地平摊于烘筛上备烘，一般每个烘筛可放置原料片 4.5～5 千克。开始烘制，关闭进料门，开动鼓风机，开始吹强烈冷风 2 小时，以迅速蒸发菇片表面的水分。当菇片颜色较白时将干燥室温度升至 50～55℃之间继续烘制 10～12 小时。当菇片含水量为 6％时即可停止烘制。成品冷却后方可取出，分拣出未干片，继续烘制，其他成品随即密封于无异味、干燥、清洁的桶或者箱内，停留一夜以平衡水分，便于进一步操作。

④ 分拣。精选分拣车间注意防虫害、卫生整洁、无杂物堆放、光线好等，操作台最好是无污染塑料或者是钢板材质的。这个过程需要迅速，以免成品吸潮。剔除未干片、焦黄片、褐变片等劣质品，筛去碎屑以及细小杂质。

⑤ 成品包装。需密封包装，以免成品吸潮导致品质下降。可用真空包装、喷铝袋、密封铁听等。

二、蘑菇的冷冻干制

1. 原料

新鲜的蘑菇。

2. 工艺流程

选料→整理→护色→装盘预冻→冷冻干燥→成品包装

3. 操作要点

① 选料。挑选新鲜的刚采下不久的蘑菇，采下的蘑菇最好在 3 小时内加工，以确保成品的质量；通常用于冷冻干燥的原料直径在 35 毫米以下最为合适。

② 整理。首先对选中的蘑菇原料用清水中加焦亚硫酸钠喷淋水清洗，做到彻底浸泡漂白，可用压力 0.9～1.4 兆帕，以防止酶促褐变的发生。然后沥干水分，切片，可切成 5 毫米厚度的薄片，剔除破碎以及不完整的切片。

③ 护色。冻干前需要进行护色处理，以确保成品色泽品质。如冻干前采用热烫法护色，加热温度需要适当低些，以免加重营养成分的损失而影响成品品质；还可以直接使用 0.5％的柠檬酸和 2％的氯化钠溶液浸泡；效果最好的是采用复合护色液浸泡 20 分钟，如柠檬酸 0.2％、维生素 C 0.05％、焦亚硫酸钠 0.3％和氯化钠 0.5％。

④ 装盘预冻。将蘑菇片原料均匀地摊铺于盘上约 1 厘米厚度,然后送入低温速冻库内冻结 4~6 小时,温控在 -30℃;取出冻好的原料片再度装盘,每个物料盘装载约 8~9 千克,注意要动作迅速,单层摆放。

⑤ 冷冻干燥。快速地将再度装盘的冻蘑菇片送至冷冻干燥箱内,当箱内绝对压力达到 133 千帕方可加热,持续 2~3 小时加热板温度约 110℃;然后逐步降温至 85℃,降温的过程需在 3~4 小时内完成;达到成品含水量为 2%~3% 的效果需时 8~9 小时。

⑥ 成品包装。将成品精选后进行密封包装。

第二节　短裙竹荪的干制

竹荪(*Dictyophora indusiata*)又名竹笙、竹参,属于鬼笔科竹荪属,是寄生在枯竹根部的一种隐花菌类。常见并可食用的竹荪有 4 种,分别为长裙竹荪、短裙竹荪、棘托竹荪和红托竹荪,因其有深绿色的菌帽、雪白色的圆柱状菌柄、粉红色的蛋形菌托以及在菌柄顶端有一围细致洁白的网状裙从菌盖向下铺开,被人们称为"雪裙仙子"和"菌中皇后"。竹荪营养丰富,香味浓郁,富含多种氨基酸、多糖、维生素、无机盐等,具有免疫调节、抗肿瘤、抗炎、抗氧化、抗菌、降血脂、抗血栓、健脾益胃等多种保健功能。

1. 原料

新鲜的短裙竹荪。

2. 工艺流程

采摘原料→干制→成品分级包装→贮藏

3. 操作要点

① 采摘原料。短裙竹荪的采摘是影响干制品品质的关键性一步,需在菌裙完全展开、孢子体将要自溶时及时采摘。子实体抽柄散裙即为成熟,一般在每天上午 6~12 时,到午后菌裙菌柄立即萎缩,速度很快,所以应及时采摘。短裙竹荪从现蕾到采收时间长达 45~60 天,而从抽柄到成熟只有 5~10 小时。采收短裙竹荪注意保持菌体的完整度,轻摘轻放;如发现泥土污染可用毛刷清理干净,禁忌揉搓清洗而破坏菌体的完整性。

② 干制。可根据实际需求采用不同的干制方法,如机械干制、烘房烘烤,也可以直接日晒等。

日晒:将清理好的短裙竹荪平摊于篾布、棉布或者是清洁的水泥地上均可;一朵一朵平放,以免影响干制成品的品质,菌裙要注意左右对称;暴晒于阳光下，晒至菌裙干缩后移至窗纱上，架空继续晾晒；遇到阴雨天存放于通风处，置于架上，注意每层间留有空隙通风，以免阴湿而出现霉烂现象。也可以晒至半干时再去烘干，成品含水率为 12%～13% 即可。晒制好的干制成品颜色乳白，无油渍、污渍，朵型美观。

烘房烘烤：将烘筛清洗干净，铺好棉布或者是衬纸，如日晒法一样摆放短裙竹荪于烘筛之上，入烘房。烘房上面要设有排湿口、下方要有通风口，室内装有鼓风机，架炭火烘烤，无论采用炭还是煤作燃料都要去除烟雾（可在上面放置钢板铁锅等）。烘制过程中注意通风排湿。短裙竹荪干制品容易破碎，注意从烘房内取出时用烘筛端出，回软 20 分钟（干脆易碎）后再分级包装。

机械干制：采用机械干制的干制品品质与工作效率都优于前者，但是设备耗资较多些。机械脱水干制时根据短裙竹荪的厚薄、大小和干湿度分层摆放；初始温控在 35～40℃需时 1 小时，然后升温至 50～55℃需时 1.5～2 小时；每次升温后需要在 30 分钟内开窗排湿，使室内空气流通循环，避免菌柄出水变黑；当手捏竹荪色白而稍干，再度升温，温控在 60℃持续 30 分钟后，即刻取出，稍经回软后分级包装。机械干制出品的短裙竹荪干价值高、朵型疏松不收缩、色泽乳白符合出口标准。

③ 成品分级包装。通常竹荪干制成品近似网状浅黄色的干蛇皮，接近乳白色，柔软、肉厚、味香、外形完整等。我国短裙竹荪分级尚无统一的标准，地区标准存在差异。如表 6-1 所列是四川的短裙竹荪分级标准。

表 6-1　四川短裙竹荪分级标准

级别	长度	颜色	含水量	完整度	其他
一等品	12 厘米以上，菌柄粗 3 厘米以上	乳白色	13% 以内	朵型完整	无霉斑、无虫蛀、无异味和杂质
二等品	10～12 厘米，菌柄粗 2.5～3 厘米以上	乳白色或者淡黄色	13% 以内	朵型完整	无霉斑、无虫蛀、无异味和杂质
三等品	8～10 厘米，菌柄粗 1～2.5 厘米以上	淡黄色或者浅土黄色	13% 以内	约 10% 的破裙子实体、断柄	无霉斑、无虫蛀、无异味和杂质
等外品	菌长 8 厘米以下	颜色较深	13% 以内	裙或者子实体不完整、有破损菌柄	无霉变、无异味、杂质较少

按标准分级包装，先将竹荪干品装入食品塑料薄膜袋中，密封袋口，再装入木箱或瓦楞纸箱等有硬度的箱子中；为满足不同消费者的需求，外包装也需分低、中、高档包装；一般每包质量在 25～500 克之间。

④ 贮藏。贮于干燥、防潮、设施良好的库房内，严禁与有异味、有毒的物

品混放；注意防虫害；因短裙竹荪娇贵，保存时间过长会使特有的味道逐渐消失，颜色也会随之变深，所以贮藏期间需经常查看，如发现回潮变软应立即翻晒或者脱水干制。

第三节　香菇的干制

香菇（*Lentinus edodes*）又名花菇、猴头菇、香蕈，属于口蘑科香菇属，起源于我国，是世界第二大菇，素有"山珍"之称。香菇是一种生长在木材上的真菌，其味道鲜美，香气沁人，营养丰富，药食兼用。随着现代医学和营养学的快速发展，香菇的药用价值也不断被发掘。香菇中麦角甾醇含量很高，对防治佝偻病有效；香菇多糖（β-1,3-葡聚糖）能增强细胞免疫能力，从而抑制癌细胞的生长；香菇含有六大酶类的 40 多种酶，可以纠正人体酶缺乏症。

一、香菇的普通干制

1. 原料

新鲜的香菇。

2. 工艺流程

选料→整理→干制→包装→成品

3. 操作要点

① 选料。选择新鲜、美味且肉厚的香菇。

② 整理。清理干净泥土以及残留的各种杂质，人工用剪刀剪去香菇的柄，人工根据香菇的厚度以及大小进行分级处理。

③ 干制。可自然阳光晒干、烘干，也可以晒干和烘干相结合。

自然阳光晒干：为了避免含水量过大，在采收前 2～3 天应停止对准备晒干的香菇直接喷水。香菇达到七八成熟，待菌边缘向内卷呈现铜锣状、菌膜刚刚破裂时抓紧采摘。过早采收香味不足，且影响产量；太迟采收则伞盖会展开过大，肉薄。选择晴天采摘，去掉菌柄时可用不锈钢剪刀，且要根据厚度、大小、含水量的多少进行分级处理，将伞盖朝下倒置在苇席或者竹帘上，放置在阳光充足的地方晾晒，约 3 天即可。显而易见，这种直接利用自然阳光晒干的方法能耗少，成本较低。那么也存在一些不足，例如晒制的香菇不如烘制的香菇风味好，香味不够浓郁，对干制品价值有所影响；再如在晒制的前期香菇内酶等活性物质不能马上失去活性，影响干制品品质。

人工烘干：对于香菇的烘干，须采用较低的温度以及慢速升温的过程。可用强制通风式烘干机，一般温度从 40℃ 逐步上升至 60℃。如果采用自然通风烘干机，一般温度设定在 35℃ 逐步上升到 60℃，升温要循序渐进，缓慢进行，一般以每小时升温 1～3℃ 为宜。烘干起始的温控，以利于钝化氧化酶的活性为目的，也就是把干燥介质的温度把控在 40℃，持续 1 小时以上，可以较好地保留新鲜香菇原来的风味与品质。如果出现香菇烘黑或者蒸熟的现象，说明温度过高。干制到最后阶段的温度，一般不低于 60℃，控制在 62℃ 左右最为适宜，时间控制在 1～2 小时。

烘晒相结合：把整理后的新鲜香菇摊在竹筛上放置于太阳光下约 6～8 小时，进行初步脱水，最后再进行烘制。这样既降低了成本，又保证了干香菇的品质。

④ 包装。密封包装，一般用 PE 塑料袋，装实，贮藏于具有合适的温度、湿度以及卫生条件的环境中，防虫、防潮，避免异味混杂。

⑤ 成品。质优的干香菇体圆齐整，色泽均匀，呈黄褐色，组织收缩不严重，有浓郁的干香菇味儿，含水量不超过 10%，质脆而不碎。

二、香菇的热风干制

1. 原料

新鲜的香菇。

2. 工艺流程

原料精选→整理上筛→烘制→成品包装

3. 操作要点

① 原料精选。香菇太大或太小品质都不佳，一般以 3～6 厘米菌盖为宜，且菌盖下卷、圆形肉质肥厚；菌褶的白色部分排列整齐，无霉斑、不黏滑；菌柄大小合适且较粗；通常为黄褐色，手轻按不破碎；味道清新，无难闻气味。

② 整理（也可切片）上筛。清理干净菇体表面残留泥沙、杂质等。为避免香菇原料变质、变色、菌褶倒伏等现象发生，暂时不加工的原料不要堆积，要置于通风或者日光下。装筛前先分级，可提高成品品质、缩短干燥时间，也利于分级包装，按厚薄和大小分级后单层装筛。送入烘房（干燥机内），一般最下几层放置品质较差的大叶香菇原料、中间几层放置质量较好的中叶和大叶香菇原料、最上面几层放置小香菇原料、干燥时湿度是上部高于下部，下部干燥最快，中间段是温度条件和通风最好的位置。

春季成熟的特大香菇淋雨后肿胀变得更大，水分含量较高，如直接干制能耗高、时间长，需时约 24 小时，售出单价也低。所以可将菌盖切成 3 毫米的片加工，烘干时间约为 5 小时。成品品质较整菇高，易于售出。

③ 烘制。干燥初期温控在 40～45℃，大量的水分蒸发出来，需要排出箱外，将进风口和排气口都打开 6 小时，送入强风把水分排出箱外。干燥中期温控在 50～55℃，以中等强风送风，进风口和排气口都半开 6 小时，此阶段原料可达五至七分干，并可定菇形，表现为原料菌褶变为淡黄色、干燥，菇体表面有光泽。干燥末期温控在 60～65℃，进风口和排气口全闭 6 小时，送风为弱，此步需要慢慢蒸发菇体内部水分，送入一定温度的干热空气干燥最为适宜。后期表现为质量为鲜重的 12%～14%，菌盖边卷起、菌褶干燥呈淡黄色，菌体含水量降至 13% 时，即可停止干燥。

④ 成品包装。待菇体冷却有些余温时即可包装，需按干香菇的厚薄、菌盖大小、颜色以及柄长分级密封于塑料薄膜袋，整齐摆放于木箱、竹箱或者硬纸箱内，放入一定的干燥剂，避免再度吸潮。

三、香菇的真空冷冻干制

1. 原料

新鲜的香菇。

2. 工艺流程

原料精选→冷冻前处理→真空冷冻干燥→成品包装

3. 操作要点

① 原料精选。香菇太大或太小品质都不佳，一般以 3～6 厘米菌盖为宜，且菌盖下卷、圆形肉质肥厚；菌褶的白色部分排列整齐，无霉斑、不黏滑；菌柄大小合适且较粗；通常为黄褐色，手轻按不破碎；味道清新，无难闻气味。

② 冷冻前处理。冷冻前首先需对原料进行分级，以免大小不均，影响效果；其次是护色处理，防止原料褐变，可以将香菇原料浸泡于亚硫酸钠或是柠檬酸稀溶液中，需时 2 分钟；也可以漂烫，热蒸汽或者是热水漂烫都可以；护色处理后捞出沥干水分，切成均匀厚度的薄片。

③ 真空冷冻干燥（又称冻干）过程

第一步冻结。冻结的效果直接影响后面的操作以及成品的品质，操作过程疏漏，容易导致菇片体积缩小以及营养成分流失等不良后果；一般终结温控在 -30℃ 左右，冻结需时约 90 分钟，香菇片的冻结速度为 1℃/分钟左右。

第二步升华干燥。一般用的是 LZG-60 型，也可以是其他型号的冷冻干燥机；注意菇片温度不能太高，约持续 4～5 小时，温控在 -25～-20℃；将箱体抽至 30～60 千帕压力，再用管道泵加热箱板供应升华所需潜热。

第三步解吸干燥。香菇原料内有一部分较为牢固的胶体结合水，只有继续升高温度才可以使成品的含水量达到要求。这一步将原料温度从－20℃升到约45℃，最后压力控制在10千帕左右。出现板层温度与原料温度一致时，方可结束干燥过程。这一步持续时间为8～9小时。

④ 成品包装。成品水分含量为3.0%，外形饱满、组织疏松、呈茶褐色；为防止成品吸收空气内水分，需及时密封包装，可以用充氮包装，也可以是真空包装。贮藏于整洁、无污染、无病虫害等的环境里。

第四节　巴西蘑菇的干制

巴西蘑菇的学名为姬松茸（*Agaricus blazei* Mur.），原产南美洲，是一种夏秋生长的腐生菌，具杏仁香味，口感脆嫩。巴西蘑菇的菌盖嫩、菌柄脆，口感极好，其蛋白质组成中包括18种氨基酸，人体必需的氨基酸有8种，还含有多种维生素和麦角甾醇，其所含甘露聚糖对抑制肿瘤（尤其是腹水癌）、医疗痔瘘、增强精力、防治心血管病等都有疗效。

1. 原料

新鲜优质的巴西蘑菇（姬松茸）。

2. 工艺流程

采摘选料→清理→装盘初烘脱水→完全干燥→成品包装

3. 操作要点

① 采摘。宜在晴天采摘，采前2天停止浇水；采摘也要适时，当菌盖呈淡褐色且有纤维鳞片、直径达到4厘米、含苞待放、菌膜未曾破裂时是最佳时间。

② 清理。清理干净菌柄泥沙杂质、剪去菇脚，用竹片刮干净菌盖鳞片，清洗后沥干水分。

③ 装盘初烘脱水。将清理好的蘑菇原料中较小和较干的摊铺于最上层烘盘上，较大和较湿的摊铺于中间层烘盘上，外形及品质较差的原料摊铺于最底层烘盘上；初烘时先将烘房或者烘干机预热到50℃然后稍微降温；33～35℃为雨天采收的蘑菇初烘温控，37～40℃为晴天采收的蘑菇初烘温控；当原料表面蒸发出大量水汽时打开所有空气进出口排湿，目的是确保褶片的直立固定与定型；随着温度降至26℃后持续4小时，严格监控温度，以避免损坏成品外形与色泽而影响成品品质；然后以开关通风口来把室内湿度调节至10%，开始慢慢升温，每小时升温2～3℃即可，约经过6～8小时匀速升温至51℃恒温，调换上下层烘筛位置，达到干燥一致。

④ 完全干燥。最后完全干燥需经过6～8小时升温至60℃，达到八成干燥

后，从烘房或者烘干机内取出烘筛经过 2 小时晾晒再送入继续烘制 2 小时，关闭双气窗。一般 1 千克成品需要原料 8～9 千克。

⑤ 成品包装。成品完整无碎片、菌褶呈白色直立、气味芳香、无龟裂脱皮、无开伞等。内层密封包装，外层需用木箱、竹箱或者有硬度的纸箱包装。

第五节　多孔菌的干制

多孔菌（*Polyporus varius*）作为高等真菌的一个类群，不仅是森林生物多样性的重要组成部分，在森林生态系统中还起着关键的降解还原作用，维持森林生态系统的物质循环和能量流动。它也是重要的生物资源，可丰富人们的餐桌，具有重要的经济价值。

1. 原料

新鲜适时采摘的多孔菌。

2. 工艺流程

选料→清理整修→装盘烘制→成品包装

3. 操作要点

① 选料。多孔菌（天花、泰山天花、多孔菌、云蕈、栗子蘑、栗蘑、千佛菌）采收需适时，否则会降低成品质量，过度成熟后采摘成品菌孔会成为刺扎状，导致反卷现象发生；还需注意春秋采收含水量略有差异，可据不同情况设置烘干脱水程序，一般春季多孔菌原料 92％以上的含水量、秋季 83％左右的含水量。一般待多孔菌的菇形呈现似盛开的莲花，颜色为浅灰色，菌盖平展伸长，边缘变薄等状态时采收最为合适。

② 清理整修。最好选用不锈钢小刀削去采收时夹带的培养基质，有些多孔菌还会有气生菌丝体也需一并削掉，直至露出菇体肉质为止；原料的大小不一，一般将其对切，鲜原料约重 50 克。

③ 装盘烘制。将整理好的原料均匀摊铺于烘盘（烘筛）上，备烘。初期可以先日晒 7～8 小时，晒至含水量为 35％左右即可；也可以温控在 33～38℃烘制 6～8 小时，无论是排湿孔还是通风孔需要全部打开，同样也是原料含水量降为 35％；然后迅速升温到 55℃左右，再度持续 6～8 小时，此时需将排湿孔和通风孔适当关闭；感觉原料已接近干燥时，慢慢降温到最初的温度设置，当成品含水量达到 13％以下时即可停止。

④ 成品包装。待到烘房或者干燥箱内温度冷却到自然温度时，方可定量用塑料袋密封包装，然后装入硬纸箱、竹箱或者是木箱内，以免因各种外力原因造成干制品破碎。

第六节 银耳的干制

银耳（*Tremella fuciformis* Berk.）是一种担子菌门银耳纲银耳目银耳科银耳属真菌的子实体，又被称作白木耳、雪耳、银耳子等，有"菌中之冠"的美称。银耳一般呈菊花状或鸡冠状，直径 5～10 厘米，柔软洁白，半透明，富有弹性。银耳作为我国传统的食用菌，历来都是深受广大人民所喜爱的食物，其中所含有的活性成分银耳多糖具有特殊的保健功能。

一、常规银耳的干制

1. 原料

新鲜银耳。

2. 工艺流程

选料→整理、浸泡、清洗→平铺上筛→脱水烘干→增白→包装→质检

3. 操作要点

① 选料。当银耳耳片几乎完全展开（80%）、没有包心、白色呈半透明状、手感富有弹性时及时采摘。采收前 1～2 天停止喷水，耳片稍稍收起，干爽。自然成熟采摘的干制后耳型自然饱满。

② 整理、浸泡、清洗。将采下的银耳立即清除泥沙等杂物以及黏附的培养基质，削去黄色的耳基。整理好的银耳放入清水池或者缸内浸泡 40～60 分钟，当耳片吸足水分后开始清洗。泡洗的目的是深度清洁黏附在耳片上的杂物，使耳片晶莹剔透，并且还可以让子实体蓬松、耳花舒展。

③ 平铺上筛。将银耳耳花朝天一朵一朵摆放在烘干筛上，朵与朵之间不宜紧靠，以免烘干后互相粘连，影响朵型美观。脱水机的烘筛一般是用竹篾编制而成，长、宽分别为 100 厘米、80 厘米，筛孔约 1 平方厘米。

④ 脱水烘干。运用机械脱水烘制。

首先要控制温度，打开排气窗，银耳入烘后立即燃旺火，加大火力，使机内尽快升温，排风加速气流循环，随时排除水蒸气。脱水烘制过程中需要 5～6 小时机内温度才能达到 50～60℃。烘干温度是直线恒定上升，也就是从起烘升温开始，逐步上升至 50～60℃。

其次是轮换层次，由于机内受热不同，烘筛上中下层干燥程度也不一样。当烘制 5～6 小时后，下层已经烘干，取出；将中上层下移，翻动，关门再烘 1 小时左右。依次进行。

⑤ 增白。晒干或者脱水干制大多会使人工栽培的银耳呈金黄色和黄色。如果想增白，可以采用硫黄熏白工艺，还可以起到杀菌、防霉作用。但熏硫的过程会对加工区范围内环境造成污染。经熏制过的银耳口感疏松，但食用前必须经清水浸泡漂洗，清除掉所含的硫。

⑥ 包装。可塑料袋密封包装或抽真空包装，也可散装大包装（不宜保藏）。

⑦ 质检。成品色泽淡黄接近乳白色，朵型完整，无异味，干燥且无斑点、无焦煳等。

二、雪花银耳的干制

将整朵银耳剪成小朵形或连片状散花，经过阳光暴晒、清水冲淋、脱水烘制而成的产品，俗称剪花雪耳，又叫小花。成品色泽白中微黄，透明，美观。

① 选料整理。选取耳花疏松、片粗的银耳，挖去黄色的耳基，切分成5~6小朵的或者连片的，用清水洗净。

② 暴晒淋水。选取晴天阳光明媚天气，将小花均匀摊在晒帘上，暴晒一天，暴晒过程中用清水壶淋湿2~3次，光照、水分交替刺激，颜色会逐渐变白。经过一天暴晒后重新入池清洗，再脱水烘干。

③ 烘制。因小花体积较小，一般夏季烘制1小时、冬季1.5小时即可。同整朵烘制一样，需要轮换更替的方法。干湿比（指干银耳与当浸泡吸水并滤去余水后的湿银耳质量比）1：13。

④ 增白。同"一、常规银耳的干制"相关内容。

⑤ 包装。可塑料袋密封包装或抽真空包装，也可散装大包装（不宜保藏）。

第七节 黑木耳的干制

黑木耳［*Auricularia auricula*（L. ex Hook.）Underw］又名黑菜、木耳、云耳，属木耳科木耳属，为我国珍贵的药食兼用胶质真菌，也是世界上公认的保健食品。我国是黑木耳的故乡，黑木耳在我国的东北、华北、中南、西南及沿海各省份均有种植。据现代科学分析，黑木耳干品中蛋白质、维生素和铁的含量很高，其蛋白质中含有多种氨基酸，尤以赖氨酸和亮氨酸的含量最为丰富。黑木耳生长于栎、榆、杨、洋槐等阔叶树上或朽木及针叶树冷杉上，密集成丛生长，可引起木材腐朽。黑木耳呈叶状或近林状，边缘波状，薄，宽2~6厘米，厚2毫米左右，以侧生的短柄或狭细的基部固着于基质上。初期为柔软的胶质，黏而富有弹性，以后稍带软骨质，干后强烈收缩，变为黑色硬而脆的角质至近革质。背面外沿呈弧形，紫褐色至暗青灰色，疏生短绒毛。

1. 选料

雨后晴天采摘的木耳。

2. 工艺流程

选料→烘制→分级→包装→质检

3. 操作要点

① 选料。干制品质量与原料质量密切相关。露天的黑木耳多受气候条件影响。采摘选取雨后晴天，成熟的黑木耳叶片展开，边缘内卷，耳片富有弹性；耳片开始收边时进行采摘。为避免腐烂要及时烘制。采大留小，手捏木耳茎部轻轻摘取，切记不要撕破耳片。采摘后不能立即烘干的要晾晒，不能堆积，否则会影响干制品质量。

② 烘制。可自然晒干，也可人工干制；自然晒干不如人工干制的品质好。人工干制采用烘干房和烘干机均可。烘之前将木耳均匀摆放在烘筛上，厚度不得超过 6～8 厘米。烘制温度先低后高，初始温度控制在 10～15℃，然后逐渐升高到 30℃左右，约 3～4 小时升高 5℃，这样干制品品质较好。在整个烘制过程中，注意烘房的通风换气，及时排除蒸汽，当烘至五成干时，将温度升至 40～50℃，烘干至木耳含水量为 13％左右即可，烘制期间应不断翻动木耳，利于烘制均匀迅速。

③ 分级。烘制后要进行挑选分级，剔除虫蛀耳、流失耳、霉烂耳，严格控制拳耳和流耳的数量。拳耳是指在阴雨潮湿季节，因烘制或晾晒不及时，互相黏裹而形成的拳头状木耳。流耳是指在高温、高湿条件下，采摘不及时而形成的色泽较浅的薄片状耳。流失耳是指高温、高湿导致木耳胶质溢出，肉质破坏，失去商品价值的木耳。

一级品：耳面黑褐色，有光感，背面暗灰色，朵片完整，不能通过直径 2 厘米的筛孔，含水量不超过 14％，干湿比（指干木耳与当浸泡吸水并滤去余水后的湿木耳质量比）为 1：15 以上，耳片厚 1 毫米以上，含杂质不超过 0.3％，无拳耳、流失耳、流耳、虫蛀耳、霉烂耳。

二级品：耳面黑褐色，背面暗灰色，朵片基本完整，不能通过直径 1 厘米的筛孔，含水量不超过 14％，干湿比 1：14 以上，耳片厚 0.7 厘米以上，含杂质 0.5％，无流失耳、虫蛀耳和霉烂耳。

④ 包装。黑木耳干制品极易吸水回潮，导致结块霉变或虫蛀，因此，分级后要及时包装。一般用白色棉布袋外套麻袋包装。现在市面上流行的也有好多密

封塑料袋抽真空包装的，外套麻袋。这样对黑木耳具有更好的保藏效果。

⑤ 质检。眼观朵片大小，完整程度，色泽深浅和光泽度情况等；鼻闻口尝无异味；手握耳听声脆不扎手、有弹性、耳片不碎的含水量适中。筛子过筛，测定是否符合等级标准。

第八节　草菇的干制

草菇 [*Volvariella volvacea*（Bull.）Singer］是光柄菇科小包脚菇属真菌。子实体由菌盖、菌柄、菌褶、外膜、菌托等构成。草菇多丛生于夏季雨后的草堆上，含有丰富的蛋白质，而脂肪含量却很低。子实体可鲜食，也可直接晒干或烘干制作成干菇食用，还可制作成罐头或盐渍食用。

一、草菇的脱水干制

1. 原料

新鲜草菇。

2. 工艺流程

选料→干制前预处理→切分→烘制→冷却包装→成品

3. 操作要点

① 选料。采摘要控制好适当的时间，草菇伞盖未开时采收，然后及时加工，假如伞盖已经打开则不适宜再加工。

② 干制前预处理。草菇与其他蔬菜不同的是不能用清水清洗，也不能喷水，不能带有杂质，如有杂质可以用不锈钢刀削去。

③ 切分。将剔除杂质的草菇用不锈钢刀纵切，切好后整齐摊放于烘筛上，注意切面要朝上；为了便于烘烤和散发水分，每个烘筛上只放一层草菇。

④ 烘制。待烘箱（灶）内的温度达到45℃时，将装好草菇的烘筛送进烘箱（灶）内烘烤。在此温度下烘烤3～4小时，然后升温到50～55℃，约烘7～8小时，最后升温到55～60℃，到其烘干为止。

注意草菇在烘制过程中不能见明火，假若使用明火烘制，要在其上方装铁板或者薄土砖隔开。无论哪种规格的烘烤炉灶都要装排气管口，便于水分散发。烘制温度突然升高到60℃或者以上，干制品容易焦煳。同时不建议采用风干或者晒干的方法，以防加工出来的蘑菇味道淡、色差、易变形。想更好地控制温度，可在烘箱（灶）内放一支温度计，以便观察烘烤温度，利于控制干制品质量。

⑤ 冷却包装。草菇烘干后，令其自然冷却，装进塑料袋中扎口，再放入纸

箱或竹篓均可，置于干燥洁净之处。装袋时要注意不要硬塞，以免揉碎草菇干。

⑥ 成品质量。含水量小于等于12%，干制品呈白色，味香，85%以上长度为3厘米，其他的长度不小于2厘米，宽度适中，个形完整，不破边、不开伞、无畸形、无虫蛀、无黑焦、无霉烂、无杂质。

二、草菇的冷冻干制

1. 原料

新鲜草菇。

2. 工艺流程

选料→整理清洗→切分→速冻→真空冷冻干制→包装

3. 操作要点

① 选料。选取新鲜草菇，在草菇伞盖未开时采收，采后应及时加工。

② 整理清洗。清理草菇外表杂质，可用不锈钢刀削去，在清水中反复清洗干净，然后沥去水分。

③ 切分。将清洗干净的草菇用不锈钢刀切分成大小均匀的长条状，然后均匀装盘，以便于速冻及真空冷冻干燥。

④ 速冻。将装好盘的草菇放于－70℃的低温冰箱或者冷冻室内冻透。

⑤ 真空冷冻干制。将速冻的草菇再放于冷干机里，在温度－55℃、30千帕条件下约冷冻干燥48小时。一般干制成品含水量为8%～10%。

⑥ 包装。选用防潮性能良好的塑料袋抽真空密封包装，包装环境的相对湿度越低越好，以防干制品回潮。

第九节　平菇的脱水干制（油炸）

平菇（*Pleurotus ostreatus*）是侧耳科侧耳属真菌，属好光菌类，多生于榆、榉、槭、柳、栎、枫、槐等多种阔叶树种的枯木、朽树桩或活树的枯死部位上。子实体丛生或叠生，菌盖呈覆瓦状丛生，呈扇状、贝壳状、不规则的漏斗状。菌盖肉质肥厚柔软。菌盖表面颜色受光线的影响而变化，光强色深、光弱色浅。平菇是一种食用菌，含丰富的营养物质。

1. 原料

新鲜平菇。

2. 工艺流程

物料准备→浸泡减压→油炸→脱水干制→包装→成品

3. 操作要点（主要设备有减压罐、真空油炸锅、金属丝笊篱、干燥箱、真空包装机）

① 物料准备。选取新鲜平菇，人工拆分平菇，菌伞直径 3 厘米左右的预备干制。然后用温水溶解干燥的卵白粉，使其成为浓度在 13％左右的水溶液。

② 浸泡减压。将准备好的白平菇物料投入干燥卵白粉溶液，用比容器直径略大的金属丝笊篱盖在上面，用以防止平菇浮起。然后将浸泡平菇的容器送入减压罐，使压力减至 47 千帕，物料在溶液里剧烈发泡，平菇内浸透干燥卵白粉溶液，约 5 分钟平静下来，打开阀门恢复常压。

③ 油炸。用笊篱捞出平菇沥干表面多余的干燥卵白粉溶液，放入煎炸筐，在 47 千帕真空条件下用油温 105～120℃的米糠油油炸 12 分钟，时间够了恢复常压，用笊篱捞出沥干油。

④ 脱水干制。把油炸品沥干油，干燥，一般控温在 40～50℃。成品含水量为 3％左右。

⑤ 包装。可用防潮纸小包装，也可用塑料薄膜袋包装，最后装箱。贮藏于通风、阴凉、干燥、无污染之处。

⑥ 成品。成品无杂质、无异味、无破碎、无粘连焦煳、表面褶皱大多立而不倒且光滑。

第十节　白灵菇的脱水干制

白灵菇（*Pleurotus nebrodensis*）属于真菌门、担子菌纲、伞菌目、侧耳科、侧耳属，又名阿魏蘑、阿魏菇、阿魏蘑菇、白阿魏蘑、阿魏侧耳，白灵菇为掌状阿魏菇的商品名，以其形状近似灵芝、全身为纯白色故称白灵菇，它是一种野生名贵食（药）用菌。白灵菇菇体色泽洁白、肉质细腻、味道鲜美，是一种食用和药用价值都很高的珍稀食用菌。

1. 原料

新鲜白灵菇。

2. 工艺流程

选料→拆切→晒干→烘制→质检包装

3. 操作要点

① 选料。选取新鲜的白灵菇，无病虫害，无外伤；剔除杂质，用刀削去黏着培养基质的部分。

② 拆分。白灵菇体积肥大，晒干前，需要先拆分切片。可将白灵菇进行对

半剖开，切成 2 厘米厚度的片状。

③ 晒干。可进行自然干制——日晒。日晒很难得到色泽美丽、外形漂亮的产品，因为白灵菇组织紧密，水分不易散发，所以一般日晒一天后需要烘制。

④ 烘制。分以下步骤进行：

第一步排湿烘干。将处理好的鲜白灵菇放置于烘筛上，燃起烘炉内的火，打开干燥室出气孔，并且辅助排风扇加速空气流动。控温在 37～42℃，约需 5～6 小时。

第二步干制。这一步约需 6～8 小时，控温在 50～55℃，关闭部分顶部出气孔。

第三步回潮。不断地烘干，使白灵菇表面硬化，而内部水分不容易向外散发，此时可降低干燥室温度到 40～45℃，关闭排气孔约 4～5 小时。

第四步烘制收尾。这个阶段约需 4～5 小时，升温至 55～60℃，关闭干燥室顶部的 2/3～3/4，烘至菇体足干停止。一般干制成品含水量为 8%～10%，菇体变硬。

⑤ 质检包装。翻动干制品发出碰撞的声音，掐压菇柄感觉坚硬，就达到了标准。白灵菇干制品的包装在尚有余温时便可以进行，一般以双层塑料袋密封保存。防止返潮的方法是袋内放一些无水硅胶、无水氯化钙或者生石灰。

第十一节　猴头菇的干制

猴头菇 ［*Hericium erinaceus*（Bull.）Pers.］是齿菌科猴头菇属真菌。子实体中等、较大或大型，直径 3.5～10 厘米，甚至能达到 30 厘米，肉质，外形呈头状或倒卵状，似猴子的头，故名"猴头菇"。猴头菇在中国既是食用珍品，又是重要的药用菌。

1. 原料

新鲜猴头菇。

2. 工艺流程

选料（采收）→整理→初烘→冷却→复烘→分级包装

3. 操作要点

① 选料（采收）。猴头菇采收要及时，采收前停止喷雾，籽实体刺长达 3～5 毫米时，开采。手工采收是用锋利的小刀割下籽实体，装筐。

② 整理。清理干净杂质，修理菇脚，均匀摊放于竹筛或者竹帘上，以不重叠菇体为原则。一般晴天可晒 2～3 天，如果阴天直接烘制。来不及烘制的，排

放于通风处，切记不要堆积过夜，以免菇体发热再次生长黏结，影响干制品品质。

③ 初烘。烘制猴头菇的关键是温度控制。干制前烘房升温至35℃，当送入竹筛时温度会降低，加大火力使温度升至30℃，开始烘制，保持通风和排湿口通畅，风速每分180～200立方米。开始时温度每小时上升2～3℃，10小时后上升至45℃左右，这时半开排湿口和进气口，形成半循环模式，翻动菇体，免得部分毛刺烘焦，并且上下竹筛互换位置。约2小时，大部分游离水蒸发掉，表面大体已经干燥，自然冷却一夜。

④ 复烘。经过一夜冷却的猴头菇菇体水分趋于一致，再次入烘，50℃起烘，2小时后采用全循环回风，关闭排湿口和进气口，温度很快达到55～60℃，此时还需约5小时时间。手捻菇心成粉末，含水量低于13%，出烘。

⑤ 分级包装。将猴头菇干制品按大小分级，定量包装，扎紧口，最后纸箱外包装。

第十二节　野生牛肝菌的干制

牛肝菌（*Boletus*）是牛肝菌科和松塔牛肝菌科等真菌的统称，是野生而可以食用的菇菌类，其中除少数品种有毒或味苦而不能食用外，大部分品种均可食用。主要有白、黄、黑牛肝菌。白牛肝菌味道鲜美，营养丰富。该菌菌体较大，肉肥厚，柄粗壮，食味香甜可口，营养丰富，是一种世界性著名食用菌。西欧各国也有广泛食用白牛肝菌的习惯，除新鲜的做菜外，大部分切片干燥，加工成各种小包装，用来配制汤料或做成酱油浸膏，也有制成盐腌品食用的。

1. 原料

新鲜野生牛肝菌。

2. 工艺流程

选料→清洗、整理、切分→摆放→干制→按级包装

3. 操作要点

① 选料。可选择以下几种适合干制的野生牛肝菌：美味牛肝菌、点柄黏盖牛肝菌、褐疣柄牛肝菌、褐环黏牛肝菌。

② 清洗、整理、切分。选取优质的野生牛肝菌，首先清理掉子实体上的泥土杂质，清洗并沥干。沿着菌柄纵向切开，注意用不锈钢刀，特别是不要用铁质生锈的刀，否则会影响干制品色泽。片厚在0.5～1厘米之间，尽量使菌柄与菌盖连接在一起，厚度保持均匀。边角碎料也要一同干制。

③ 摆放。根据菌片的大小、厚薄、干湿度分别均匀摆放，晾晒时可放置于竹席、棉布、纱窗上，切记不要堆积。干制时单排放置于烘筛上。

④ 干制。可以人工干制，也可以自然干制。

人工干制：采用烘烤法，可以用烘房或者烘干机，起烘温度35℃，以后每小时约升温5℃，升至60℃持续1小时，再逐渐降温至50℃。烘制前期需开通风窗，然后逐渐关闭。且烘制期间要适当调整烘筛位置，促进菌片均匀脱水。烘制时间约为10小时，一般一次性烘干，菌片含水量在12%以下。当菌片含水量高时要逐渐升温，以免急速升温导致菌片焦脆或者软熟。

自然干制：将菌片均匀地铺在晾席或者筛上，随时翻动，菌片能被阳光均匀照射。太阳落山后，及时将菌片收回室内，避免露水或者雨水侵袭。或者晒到傍晚，再送入烘房烘制。

⑤ 按级包装。分级是按照色泽、菌盖与菌柄是否连接分为4个等级。一级品：白色，菌盖与菌柄相连接，无霉变，无破损，无虫蛀；二级品：浅黄色菌片，菌盖与菌柄相连接，无霉变，无破损，无虫蛀；三级品：黄色至褐色菌片，菌盖与菌柄相连接，无霉变，无破损，无虫蛀；四级品：色泽深黄至深褐色菌片，部分菌盖与菌柄分开，无霉变，无虫蛀，有破损。

将干制品按等级分级包装，食品袋热合密封，入纸箱，一般每箱5～10千克，注意箱内防潮。贮藏于阴凉、通风、干燥、无菌、无虫鼠环境中。运输时轻拿轻放，严禁挤压。

第十三节　杏鲍菇的干制

杏鲍菇（*Pleurotus eryngii*）是欧洲南部、非洲北部以及中亚地区高山、草原、沙漠地带的一种品质优良的大型肉质伞菌，其营养十分丰富，植物蛋白含量高达25%，含18种氨基酸和具有提高人体免疫力、防癌抗癌的多糖，是集食用、药用、食疗于一体的珍稀食用菌新品种。杏鲍菇菌肉肥厚，质地脆嫩，特别是菌柄组织致密、结实、乳白，可全部食用，且菌柄比菌盖更脆滑、爽口，被称为"平菇王""干贝菇"，具有愉快的杏仁香味及如鲍鱼的口感，适合保鲜、加工。

1. 原料

选择成熟、菌盖完好、香气浓郁的新鲜杏鲍菇。

2. 工艺流程

挑选→清洗→切片→烫漂→冷冻（真空冻结/常压平板冻结）→真空冷冻干燥

3. 操作要点

① 挑选、清洗、切片。挑选新鲜、大小基本一致、无虫害、肉质致密、不空心、无机械损伤的杏鲍菇（初始湿基含水率为 89.8%），用自来水清洗干净，去除伞盖部分及子实体尾部，取中段为试验材料，然后横向（切刀垂直于子实体生长方向）切成厚度约为 5 毫米的近圆形片状，备用。

② 烫漂。将杏鲍菇切片放入（95±2）℃的热水中进行烫漂，漂烫时间为 2 分钟，然后立即捞出，用自来水冷却至室温沥干。

③ 冻结

a. 真空冻结

开启冷冻干燥机的制冷器，将冷阱中制冷盘管温度降至 -50℃ 以下，然后将杏鲍菇切片平铺一层至物料盘上，将物料盘置于干燥仓隔板上，密闭干燥仓后开启真空泵，使干燥仓压力由常压状态持续下降达到水分闪点（800~1000 帕），物料中水分在真空状态下迅速蒸发并带走大量热量，使物料快速降温冻结，真空冻结过程维持 0.5 小时，干燥仓压力最终维持在 20~30 帕。

b. 常压平板冻结

将平铺一层杏鲍菇切片的料盘置于干燥仓隔板上，密闭干燥仓后开启制冷器对隔板供给冷量，隔板温度设定为 -35℃，在常压下进行平板冷冻 3 小时。

④ 真空冷冻干燥。杏鲍菇切片经过真空冻结或常压平板冻结后，开启加热器，物料在原位进行真空冷冻干燥。隔板采用渐进式温升程序，"温度-时间"控制程序设定为：-20℃-1 小时，-10℃-1 小时，0℃-1 小时，10℃-1 小时，20℃-2 小时，30℃-2 小时，40℃-2 小时，50℃-2 小时，干燥仓压力控制在 50 帕以下，干燥即可。

第七章　果品的干制加工实例

07 Chapter

第一节　苹果的干制

一、脱水干制苹果脆片

苹果（*Malus pumila* Mill.）是落叶乔木，果实富含矿物质和维生素，为人们最常食用的水果之一。

1. 原料

新鲜苹果。

2. 工艺流程

选料→整理清洗→去皮→烘干表面水分→切分、去核→浸渍、护色→脱水干制→成品

3. 操作要点

①选料。选取新鲜且充分成熟的苹果，果型大小中等，肉质紧密、皮薄；剔除病虫害果与腐烂果，避免机械损伤；果实单宁含量少，干物质含量高。

②整理清洗。将苹果表面的泥沙、尘土、枯叶以及残留农药用流动清水冲洗干净，也可自来水加压，放入清洁剂彻底清洗干净。

③去皮。保留果肉部分，可人工去皮、机械去皮、化学去皮或采用冷热法去皮。化学去皮较为常用，其溶液配比如下：食用表面活性剂0.2%，碱性物质12%～17%，水（65℃左右）为82.8%～87.8%；其中表面活性剂可用短链脂肪酸、失水山梨酸脂肪酸酯；碱性物质可用氢氧化钾、氢氧化钠、氢氧化锂等。

化学去皮液渗入果内时，果皮松动，再经过脱皮机的摩擦、碰撞、搅拌，皮肉分离，时间约为1.5～3分钟。然后在水中加入柠檬酸或者盐酸等中和剂冲洗掉果肉表皮的化学物质。

④ 烘干表面水分。烘干去皮后的果肉表面水分。

⑤ 切分、去核。将烘干表面水分的果肉切分成厚度为1～1.2厘米的片，然后用卷刀剔除果核，内圈直径为1.5～1.7厘米。

⑥ 浸渍、护色。为保证苹果脆片的品质需对果片进行护色。可加入白糖、柠檬酸等进行真空护色，以改变较差的口味，浸渍后的液体也可用以生产苹果汁。

⑦ 脱水干制。将果片置于真空低温条件下，再进行脱水干制。

二、苹果干

1. 原料

新鲜苹果。

2. 工艺流程

选料→整理、清洗、去皮、切分→浸泡→熏硫→烘制→回软、分级、包装→成品

3. 操作要点

① 选料。选取苹果果皮较薄、肉质紧密、大小均匀、单宁含量少、干物质含量高、成熟充分的中晚熟苹果果实为佳。

② 整理、清洗、去皮、切分。苹果在清洗前剔除病虫害果与腐烂果，避免机械损伤。将苹果表面的泥沙、尘土、枯叶以及残留农药用流动清水冲洗干净，然后手工或者机械去皮。去皮后的果料便可以切分。用刀将苹果对半切分，剔除果心、种子，再切成5～7毫米厚度的片状。

③ 浸泡。为保证苹果干品质，要防止果片因氧化而变色，所以应迅速将果片浸泡于3%～5%的盐水或者0.2%～0.3%的亚硫酸钠溶液中进行护色。

④ 熏硫。捞出浸泡在盐水中的果片，串好放入果盘，在熏硫室内熏硫约1小时，一般1吨果片用2千克硫黄粉即可。

⑤ 烘制。将熏硫后的果片送入烘干房，干制时用75～80℃温度，以后逐渐降温到50～60℃。干制时间约5～8小时，干燥率为（6～9）：1。

⑥ 回软、分级、包装。为了使烘制后的果片呈现柔软状态、各部分水分一致，可以在储藏室内堆放2～3周。然后根据干制品质量分级：标准成品、废品和未干品。标准成品要求：果片色泽鲜艳，富有清香气味，手握互不黏结且有弹

性。含水量不超过 20％，含硫量小于 0.03％。干燥率为（6～8）∶1。

⑦ 成品。用塑料薄膜袋密封包装，谨防受潮。

第二节　芒果（香辛风味）的干制

芒果，又称杧果（*Mangifera indica* L.），是漆树科杧果属植物，俗称芒果。杧果为热带水果，汁多味美，还可制罐头和果酱或盐渍供调味，亦可酿酒。

1. 原料

新鲜芒果。

2. 工艺流程

选料→整理、清洗→去核、切条→护色、热烫、盐腌、浸渍→烘制→包装→成品

3. 操作要点

① 选料。选取成熟度在八九成的、新鲜饱满、无病虫害、无机械损伤、无腐烂变质的果实。内部组织结构以干物质含量高，纤维少，肉质厚嫩，核小而扁薄为佳；外观以色泽鲜黄，风味浓郁为最佳。

② 整理、清洗。用流动的清水逐个清洗芒果，剔除不合格的原料。按照体积大小分级放入塑料筐内，沥干水分。

③ 去核、切条。采用芒果去核机效率高，可以直接去除芒果核，再切分成长 4～5 厘米、宽 0.8 厘米的条状。

④ 护色、热烫、盐腌、浸渍。芒果是极易褐变的果实，可以采用 0.3％的亚硫酸氢钠与 0.2％的柠檬酸溶液浸泡果条 1 小时进行护色。采用 80℃的热水烫 5 分钟以杀菌和钝化酶，防止褐变。然后盐腌，按照 50 千克鲜芒加入 4 千克食盐以及 250 克明矾的比例分层入坛，层层撒盐均匀，腌制 2～3 天，成为盐坯。下一步将盐坯脱盐，浸水 2～3 小时，沥干水分，切分成 2 厘米×2 厘米或者 0.5 厘米×2 厘米大小的块状，晾晒至半干，准备浸料。浸料液：辣椒粉用水煮沸过滤成为辣椒香液；甘草和香料加适量水煮沸，文火熬，充分溶解后再加入糖过滤为甘草香液；将二者调配成香辣液。

⑤ 烘制。将脱水芒果块放入香辣液搅拌均匀，放置 24 小时，捞出后送入烘箱烘制。温度控制在 55～60℃。芒果干含水量控制在 16％～18％。

⑥ 包装。包装前最好用微波杀菌 0.5～1 分钟，采用聚乙烯食品袋真空包装。

第三节 葡萄的干制

葡萄（*Vitis vinifera* L.）为葡萄科葡萄属木质藤本植物，葡萄为著名水果，生食或制葡萄干，并能酿酒。葡萄不仅味美可口，而且营养价值很高，还具有极高的药用价值，已经成为世界性的重要营养兼药用的商品。

1. 原料

新鲜葡萄。

2. 工艺流程

自然风干法：原料选择→挂架→管理

人工烘干法：选料→剪串→浸碱→冲洗熏硫→烘制→散热、回软、去梗→包装→成品

3. 操作要点

（1）自然风干法 在我国新疆吐鲁番等地，夏秋季天气炎热干燥，降雨量极少，昼夜温差大，日照时间长，适宜葡萄自然风干处理。其加工工艺为：

① 原料选择。适时采收，挑选果粒完整、皮薄、肉满的葡萄果穗，剔去有病虫为害、破损、过生或过熟的果粒，置于阴凉处放置半天，使果粒失水、萎蔫，以利于挂架。

② 挂架。将选出的果穗送入特制的晾房里，由里向外、由下而上逐架、逐层悬挂果穗，并及时清除落地的果粒。

③ 管理。挂好葡萄的晾房要有专人管理，以防止鸟、禽畜为害。防止风沙侵袭或挂架摇动，以免果粒脱落。当葡萄干无软粒、果粒的皱褶凸起处变成白色时，应及时收起并运到晒场风选，除去果梗、枯叶等杂物，并拣出烂粒、褐色粒，即成为成品葡萄干。

（2）人工烘干法

① 选料。选取果实充分成熟的适时采摘，剔除过小和损坏的果粒，果粒皮薄、果肉要柔软，一般糖分含量在20%以上。

② 剪串处理。将大串的葡萄分剪成小串，平铺在晒盘上。

③ 浸碱。葡萄果皮有蜡质层，影响干制过程的水分蒸发，所以需要浸碱处理，以破坏果皮表层的蜡质，使葡萄表皮呈皱缩状。将剪好的小穗葡萄浸没于1%～3%的氢氧化钠溶液中约10～30秒，皮薄的品种可浸没于0.5%的碳酸钠或者碳酸钠与氢氧化钠的混合液中处理。

④ 冲洗熏硫。将浸碱后的果实在流动的清水中冲洗3～5分钟，务必将碱液

清洗干净。沥干后，将葡萄放入烘盘中，在密闭的熏硫室内熏硫处理。一般每吨葡萄需要硫黄1.5～2千克，木屑点燃产生浓烟。密闭环境里熏硫约3～5小时，目的是防止褐变。二氧化硫蒸气钝化葡萄中的多酚氧化酶，从而抑制成品褐变。熏硫结束时打开门窗，排放出剩余二氧化硫。

⑤ 烘制。将熏硫后的葡萄送入烘房，初始温度设定在45～50℃，干制1～2小时。然后升温至60～70℃，约经过15～20小时，干制品含水量为15％左右可结束烘制。

⑥ 散热、回软、去梗。将烘盘在烘房中去除，移至阴凉通风处散热回软，然后用葡萄脱粒除梗机剔除果梗。

⑦ 包装。干制品水分含量约20％，极易吸潮，应迅速分拣，剔除破损果粒，密封塑料袋包装，妥善保存。

⑧ 成品。葡萄干表面呈皱缩状，大小均匀，酸甜可口，有浓郁的葡萄风味。

第四节　柿饼的干制

柿子为柿科植物柿（*Diospyros kaki* Thunb.）的果实，其不仅营养丰富，含有大量的糖类及多种维生素，而且具有很高的药用价值和经济价值。鲜柿、干柿饼、柿霜、柿蒂、柿叶都是很好的药物。

1. 原料

新鲜柿子。

2. 工艺流程

选料→整理装盘→熏硫→第一次烘制→回软、揉捏、晾晒→二次烘制→散热、回软、出霜、整形→质检包装→成品

3. 操作要点

① 选料。选取横直径大于5厘米的较大新鲜的圆形果实，成熟度好，色泽红润，肉质硬而不软，核较少或者没有核的品种。

② 整理装盘。剔除损伤果实、病虫害果实、霉烂果实；将果实置于水槽或者盆中，用流动的清水冲洗2～3次，清洗掉表皮的杂质、泥沙。摘取萼片，拧掉柿柄，去除果皮。可采用碱液去皮法，去除果皮要注意：去皮要薄，过厚会伤及果肉，果蒂周围留下宽度为0.5厘米的果皮，其他部位不留皮。整理清洗后的物料沥干水分，摆放于烘盘中，果顶朝上，果与果之间的距离约1厘米，摆好放于烘架上。

③ 熏硫。一般燃烧熏硫2～3小时，按每平方米烘房容积5克硫黄的用量，

目的是脱涩，有效防止贮藏时的霉变。

④ 第一次烘制。可在熏硫时段就开始点火升温，使烘房温度上升至 40℃ 以上，控制在 45℃ 以下，时间在 48～72 小时，待到柿果表面结皮、脱涩变软为止。烘房内相对湿度保持在 55%，定期通风排湿。

⑤ 回软、揉捏、晾晒。取出烘房内的果料，选取阴凉干净的地方冷却回软 24 小时，用力均匀揉捏果料、软化果料，初步成为扁平状，切记不要捏破。再次将揉捏后的果料放置于烘盘上，表面覆盖 0.02 毫米的聚乙烯塑料薄膜，放置于干净、向阳、空气流动的环境里，开始晾晒，时间在 48～72 小时。期间观察薄膜面的凝结水滴，间隔 1～2 小时翻转一次，清理薄膜上的水滴。

⑥ 二次烘制。第二次烘制温度控制在 50～55℃，适时倒换烘盘，通风排湿，烘干至果料收缩且质地柔软，手捏扁变形，含水量在 30% 左右，停止烘制。

⑦ 散热、回软、出霜、整形。再次取出烘盘放置于通风阴凉处散热回软 24 小时，捏饼形。将捏成饼形的果料置于室外晾晒后，单层摆放于容器中，再转至室外晾晒，反复几次便可出霜。

⑧ 质检包装。柿饼极易吸潮，应立即进行分拣，将符合品质要求的干制品装入塑料袋内，贮藏于适宜的条件下。柿饼含水量为 25%～30%。干燥率 (3.5～4.5)∶1。

⑨ 成品。品质较好的柿饼表面有白色霜，个头均匀，柿肉为橘黄色，柔软且具有浓郁的柿子风味。

第五节　枣的干制

枣（*Ziziphus jujuba* Mill.），别称枣子、大枣、刺枣、贯枣，是鼠李科枣属植物。枣含有丰富的维生素 C、维生素 P，除供鲜食外，常可以制成蜜枣、红枣、熏枣、黑枣、酒枣、牙枣等蜜饯和果脯，还可以作枣泥、枣面、枣酒、枣醋等，为食品工业原料。

一、传统大枣干制

1. 原料
新鲜大枣。

2. 工艺流程
选料→整理、装盘→干制→冷却、包装→成品

3. 操作要点

① 选料。选取色泽亮丽、大小均匀、成熟度一致、皮薄肉质肥厚的果料，核小含糖量高；整理除去裂口果、霉烂果、病虫果、外伤果。

② 清洗、装盘。将清理好的果料装篮或者装筛清洗，用流动的清水清洗2～3次，主要清洗表面的泥沙杂质。捞出果料，沥干水分，装盘。需要根据面积装载，每平方米面积上放置12.5～15千克。一般厚度不超过两层，以免影响均匀干燥速度。如果是果型较小的枣品种可适当厚些。

③ 干制

第一阶段：预热

一般品种预热需要6～10小时，大果型品种、皮厚品种、组织较致密的品种需要更长时间。预热的目的是果料由皮及里果肉逐渐受热，使枣体温度升高，为后期大量蒸发水分做准备。预热阶段温度是逐渐上升的，达到55～60℃。将烘盘送入烘房内时，紧闭门窗，拉开烟囱底部闸板，迅速而平稳地升温。炉火旺盛之时可每隔一小时添加一次煤。当手握红枣略微感觉烫手时，红枣温度达到了35～40℃；当指压果料出现细褶皱时，果料温度升至了45～48℃。果料表面出现一层薄薄的水雾则表明含水量较高。

第二阶段：蒸发

大量蒸发水分阶段指在6～12小时内烘房内温度升高至68～70℃，该阶段要求控制好炉火，使其保持旺盛，以达到加速蒸发水分的目的。当果料温度超过50℃，由于水分大量而快速蒸发，烘房内湿度不断增高，可高达90%以上。加快干燥的方法是在温度不变的情况下降低烘房内湿度，加强通风排湿。当人在烘房内感觉呼吸困难、潮湿闷热时，温度达到了60℃，湿度在70%以上，果料表面会出现潮湿现象，可及时进行10～15分钟的通风排湿。每次烘干约进行8～10次通风排湿工作。由于果料干燥快，要注意翻动果料、倒换烘盘，以避免烘焦和干燥不均匀。

第三阶段：完成干制

此阶段烘房内温度不低于50℃即可，火力不宜过大，因为果料内部可蒸发水分变少，蒸发速度变慢，这个过程一般需要6小时左右，可使果料内部水分比较均匀一致。当烘房内湿度达到60%时，继续通风排湿，只是排湿次数适当减少、时间变短。注意观察果料变化，将干制好的红枣取出。

④ 冷却、包装。干制好的红枣通风散热是必要的环节，因为高热会对果料起到加热作用，那么糖分会溶解于部分未蒸发的水分中，也会溶解于细胞液中，导致红枣果肉松软，随着时间的推移，果肉有可能发酵而变酸，严重影响干制品品质。

⑤ 成品。品质较好的大枣呈暗红色或者淡红色，肉质柔软，大小均匀，红枣风味浓郁，含水量为 20％～30％，干燥率为（3～4）∶1。

二、花生脆枣

1. 原料

新鲜大枣。

2. 工艺流程

选料整理→烘干花生仁→花生仁塞入大枣→烘干花生大枣→摊晾、包装→成品

3. 操作要点

① 选料整理。选取色泽亮丽、大小均匀且较大、肉质肥厚、核小、成熟度一致的果料。整理除去裂口果、霉烂果、病虫果、外伤果。以温水浸泡 20 分钟，清洗干净，沥干水分，摊晾至表皮无水雾。捅出枣核，可用圆管刀或者平头钢筋。

② 烘干花生仁。用烤箱烘烤花生仁，温度 150℃需要 4 分钟即可取出，待到凉透搓去红衣。

③ 花生仁塞入大枣。将已经去皮的花生仁两粒塞入大枣，以此类推。

④ 烘干花生大枣。将配好料的花生大枣平摊在烘盘中，待到烤箱预热到 90℃，将烤盘送入，烤制约 1 小时，枣色渐渐变深，温度达到 120℃，再烤 40 分钟，当大枣变为深紫色、散发出焦香味时即可出炉。

⑤ 摊晾、包装。待到凉透进行密封包装，以免吸潮。

⑥ 成品。符合食品安全标准，脆枣中有花生镶嵌，味道纯正，含水量为 5％～10％。

三、枣粉

1. 原料

新鲜大枣。

2. 工艺流程

选料整理→烘制→预煮→破碎→浸提过滤→加料均质→喷雾干制→成品

3. 操作要点

① 选料整理。挑选成熟度好、色泽亮丽、紫色、果肉紧密、香味浓郁的大枣，无裂口果、霉烂果、病虫果、外伤果。将选好的大枣浸泡于温水中 20 分钟，

清洗干净，且沥干水分。

② 烘制。将大枣均匀地平摊于浅盘中，送入烘箱，温控在 90～100℃，当枣皮微微绽裂，散发出浓郁的焦香味即可停止烘烤，取出待凉。

③ 预煮。将烤好的大枣倒入不锈钢锅中，适量加水，预煮，温度不宜过高，待到枣略微软化停止。

④ 破碎。运用破碎机对浸提液进行破碎处理。

⑤ 浸提过滤。浸提时加入果胶酶 0.05％，温度控制在 45℃，耗时约 2 小时。过滤的目的是滤去枣核和大颗粒部分。

⑥ 加料均质。加入适量的淀粉，放入均质机搅拌均匀。

⑦ 喷雾干制。可用喷雾干燥机干制，进风口 0.9 立方米/分钟，进出口温度分别为 135℃和 80℃〔注意针对大枣的特点是含糖量高，直接喷雾不太容易得到产品。所以枣汁喷雾干燥借助了羧甲基纤维素钠（CMC-Na）和 β-环糊精等辅助剂〕。

⑧ 成品。枣粉颜色好，不结块，富有浓郁的枣香。

第六节　山楂（片）的干制

山楂（*Crataegus pinnatifida* Bunge）属蔷薇科山楂属，山楂的抗衰老作用位居群果之首，其核质硬，果肉薄，味微酸涩。果可生吃或作果脯、果糕，干制后可入药，是中国特有的药果兼用树种。

1. 原料

新鲜山楂。

2. 工艺流程

选料→整理切片→晒干→回软包装→成品

3. 操作要点

① 选料。选取色泽鲜艳、含水量低、酸甜可口、肉质紧密、直径在 20 毫米以上的果料。

② 整理切片。整理去除病虫害果、机械损伤果、破皮果，清洗干净表皮。切分成厚度为 2～3 毫米的片（一般一果切分八片）。

③ 晒干。将切分好的果片均匀摊放于苇席上，在阳光下暴晒。开始时因为较湿，所以层高要薄，待到晒至半干后可以稍微加厚。注意日晒夜收，不要白天晒夜晚又被打湿。需要不断翻动，可以促进干燥，也可以避免因堆积而发霉。晒到手握不绵，松手立即散开为止。

④ 回软包装。为保证干制品品质，要将成品堆积起来，经过一两天回软，内外水分均衡后再分级包装。

⑤ 成品。成品果肉为黄色，皮为红色，果片完整，无杂质，无霉烂，酸甜可口，富有山楂本身的风味。

第七节　梨的干制

梨（*Pyrus* SPP.）属于被子植物门双子叶植物纲蔷薇科苹果亚科。果实形状有圆形的，也有基部较细尾部较粗的，即俗称的"梨形"；不同品种的果皮颜色大相径庭，有黄色、绿色、黄中带绿、绿中带黄、黄褐色、绿褐色、红褐色、褐色，个别品种亦有紫红色；主要品种为鸭梨、雪花梨、圆黄梨、雪青梨、红梨。梨含有多种维生素和纤维素，不同种类的梨味道和质感都完全不同。梨既可生食，也可蒸煮后食用。

1. 原料

新鲜梨。

2. 工艺流程

选料→整理切分→护色→干制→回软→质检包装→成品

3. 操作要点

① 选料。常用于干制的品种有八梨、花梨、茄梨等。选取肉质柔软细嫩、石细胞少、含糖量高、果心小且香气浓郁的果料。

② 整理切分。剔除霉烂果、病虫害果以及过熟果。用流动的清水清洗干净表皮的泥沙以及杂质。然后削去外皮，手工切分应选用不锈钢刀，将果料切分成圆片或者果块儿。

③ 护色。漂烫的沸水中可添加 1.0%～1.5% 的食盐和 0.2%～0.3% 的抗坏血酸，烫漂 5～10 分钟，目的是防止酶促褐变，然后捞出沥干水分。

④ 干制

自然晒干：将沥干水分的果片均匀摊放于竹筛上，暴晒于阳光下 2～3 天，然后叠加竹筛，经过 20～40 天的阴干即可完成干燥。

人工烘干：将竹筛置于烘干机中烘干，开始时温控在 50～60℃，为保证干制品品质，烘干过程中要注意换筛、翻转、回湿等操作。

⑤ 包装。干制后的果片需回软 2～3 天，然后立即进行质检。清理出污染、霉变、焦煳以及破碎果片，质量符合标准的密封于塑料袋内，装箱，置于环境温度和卫生质量适宜的条件下。梨的干燥率是（4～8）∶1。

第八节　香蕉的干制（脱水香蕉片）

香蕉（*Musa nana* Lour.）属于芭蕉科芭蕉属植物。香蕉既可生食，也可炖熟及做成香蕉干或者果脯等食用，还可制成香蕉泥（香蕉泥适合老人和儿童食用）。

1. 原料

新鲜香蕉。

2. 工艺流程

选料→整理、护色→干制→回软、质检、包装→成品

3. 操作要点

① 选料。选取新鲜的成熟度适中（过熟或者过青未熟的都不适宜香蕉水果片加工）的、果实饱满，无软腐、压伤和无病虫害等的果料。

② 整理、护色。可用人工剥皮，选用不锈钢刀切分成厚 2 毫米左右的片状。为防止酶促褐变，把切分好的果片迅速放入 $0.2\%\sim0.3\%$ 的抗坏血酸溶液或者是 $1.0\%\sim1.5\%$ 的食盐中浸泡约 30 分钟。

③ 干制。将沥干后的果片放在竹筛上，均匀摊铺，然后送入烘干机开始干燥。初始温控在 $50\sim60℃$，后续温控在 $60\sim65℃$。为避免物料果片堆积造成干燥不均衡等问题，要交替进行翻转、换筛、回湿等操作。

④ 回软、质检、包装。物料果片干燥后，需回软 2～3 天。回软后立即质检，剔除污染、焦煳、褐变以及碎片的成品，质量达到标准的成品果片装塑料袋内，再装箱贮藏于温度、湿度、卫生等条件适宜的环境下。

⑤ 成品。成品具有浓郁的香蕉风味，呈现浅黄色或者金黄色，大小均匀，含水量在 $15\%\sim20\%$。干燥率是 $(7\sim12):1$。

第九节　荔枝的干制（荔枝干）

荔枝（*Litchi chinensis* Sonn.）是无患子科荔枝属常绿乔木，果肉新鲜时呈半透明凝脂状，味香美，但不耐储藏。荔枝营养丰富，含葡萄糖、蔗糖、蛋白质、脂肪以及维生素 A、维生素 B_1、维生素 C 等，并含有叶酸、精氨酸、色氨酸等各种营养素，对人体健康十分有益。

1. 原料

新鲜荔枝。

2. 工艺流程

选料→清洗、防褐处理→干制→包装成品

3. 操作要点

① 选料。选取荔枝香味浓郁、涩味淡，含糖量高且圆润较大、肉厚核小、干物质含量高、壳不太薄的果实。过熟、未熟、采摘放置太久的都不宜干制，否则容易发生凹果。所以果料的成熟度很关键，采摘果皮 85％ 已经转红，果梗处仍然带着青色的新鲜果实为宜。采摘后保存原来的穗状存放，便于以后翻晒。加工前将不符合要求的病虫害果实、腐烂果实、偏小果实以及机械损伤的果实剔除，以保证干制品质量。按照成熟度的不同和外观状态不同分级。

② 清洗、防褐处理。将分选好的果料按级分别清洗，将果料表面的泥沙、农药等清洗干净。然后将清洗干净的果料放入 0.5％ 的柠檬酸和 2％ 的焦亚硫酸钠混合液中浸泡 15～30 分钟，目的是防止褐变。

③ 干制。一般新鲜荔枝 360～380 千克可产出荔枝干 100 千克，也就是干燥率为（3.5～4）∶1。可采用日晒法、烘干法、烘焙法干制。

日晒法：将整理好的带枝的果料均匀平铺在竹筛上暴晒，为避免因堆积而导致的日晒不均匀，每筛不宜过多。大约晒 1～2 天果皮会变成暗红色，然后翻筛。方法是将另外一个空筛盖在盛有果料的竹筛上，两人合力翻个儿，变为底朝上，继续晒制。每隔一天选取中午时段翻转一次。需要约 20 天的时间果料可以晒至七八成干，果壳已经褪色开始剪果，剔除枝梗，拼筛，将盛有果料的竹筛堆积在一起，用草席围起来，回湿处理，目的是让种子里的水分排出，干燥均匀。堆积围席回湿的时间段宜在中午，直到第二天清晨继续进行暴晒。晒至种子一锤即碎为止。日晒法一般需要 30～40 天，对于大核果料则需要时间更长些。阴雨天，为避免发霉，需要注意防雨，或者用熔炉烘焙。

烘干法：可以用烘房或者隧道式干燥机进行干制。每干制 8～12 小时回湿 4～6 小时，干燥和回湿比为 2∶1。初始温控在 80～90℃，需要 4～6 小时，后期温控在 60～70℃，所需时间在 36 小时到 2 天。

烘焙法：将处理好的果料均匀平铺在竹筛上于烈日下暴晒 2～3 天，预先蒸发出一部分水分，再将果料摊铺于烘焙的棚面上约 15 厘米厚度。可用煤炭供热，如烘炉设置在一端，则在另一端建烟囱抽气或者用鼓风机尽量均衡温度；也可以在烘床下面铺上一层木糠或者谷壳用来控制火力，然后放入点燃的木炭，每隔 1 米放一堆，均匀排成两行。

第一道工序杀青的做法是，温控在 90～100℃ 翻动 2～4 次，以便果料均匀受热，需时 18～24 小时。当果肉呈现象牙色时，方可起炉用谷围围住回软，暂时存放 3～4 天。

首次翻焙，经过杀青处理的果料再次上炉，温控在 70～80℃，当出现温度高于所需温度时，烘炉下的谷壳或木糠可用于覆盖部分木炭，以便控制温度。每隔 4～5 小时翻转一次，24 小时后起炉围住回湿。这一步完成后，多存放几天也是可以的，待到烘焙炉空闲再进行下一步。

二次翻焙，这一步温控约在 60℃，特别注意火力的均匀，约 6 小时翻转一次，烘至果壳一锤即碎为止。期间火力不均衡，可用瓦片遮住火苗来控温。

④ 包装成品。包装前先质检，将焦煳、破裂、褐变的产品剔除，用塑料袋定量包装，装箱，贮藏于适宜条件下。

品质较好的成品不破裂，果肉呈深蜡黄色，有光泽，具有浓郁的荔枝风味，入口清甜，含水量在 15％～20％。

第十节　桃的干制（桃干的制作）

桃〔*Prunus persica*（L.）Batsch〕属蔷薇科李属植物。桃的果实就是平时吃的水果桃子，多汁有香味，味道是甜的或酸甜的。可以生食或制桃脯、罐头等。

1. 原料

新鲜桃子。

2. 工艺流程

选料→整理、切片→防褐变处理→烘制（回软）→质检→包装（成品）

3. 操作要点

① 选料。采摘的果料成熟度在八九成，果实饱满、无软腐、无压伤，本身香气浓郁、纤维少、肉色金黄、果汁较少、肉质紧厚、含糖量高、果型大且离核的品种。

② 整理、切片。先对果料进行分拣，剔除病虫害果、腐烂果、损伤果，刷干净桃毛，以流动清水冲洗。可手工对半切开，去核，均匀切分成片状。

③ 防褐变处理。为防止褐变应立即进行护色处理。放入沸水漂烫 5～10 分钟，捞出沥干水分。水里可添加 0.2％～0.3％的抗坏血酸和 1.0％～1.5％的食盐。

④ 烘制。将沥干水分的果片均匀摊铺在竹筛上，然后放入烘干机中烘制

（干燥过程中要注意换筛、翻转、回湿的操作）。初始温控在 50～60℃，后期温控在 60～65℃。

⑤ 质检。包装前先质检，将焦煳、破裂、褐变的果片剔除。品质较好的成品大小均匀，肉质紧密，呈金黄色，具有浓郁的桃的风味，含水量在 15% 或者以上，干燥率为（3.5～7）∶1。

⑥ 包装。将达到质量标准的成品定量装入塑料袋内，装箱，置于适宜的环境里贮藏。

第十一节　樱桃的干制（脱水樱桃干）

樱桃（*Prunus* spp.）是蔷薇科李属几种植物的统称。核果近球形或卵球形，呈红色至紫黑色，除了鲜食外，还可以加工制作成樱桃酱、樱桃汁、樱桃罐头和果脯、露酒等。

1. 原料

新鲜樱桃。

2. 工艺流程

选料→整理、浸碱→清洗→熏硫→烘制→成品包装

3. 操作要点

① 选料。选取成熟度适中的果料，果粒大小均匀，柄短核小，色泽光亮，味甜，汁较少。将过熟的、未熟的、霉烂的剔除，人工去掉果柄。

② 整理、浸碱。篮装果料于流动的清水里冲洗干净，主要是清理干净表面泥沙等。然后浸碱，目的是缩短干燥时间。将果料在浓度为 0.2%～0.3% 的沸碱液中热烫 3～5 秒。切分成圆片或者果块儿，宜选用不锈钢刀。

③ 清洗。将浸碱后的果料放入清水里洗净碱液，沥干水分，约需 5～10 分钟。

④ 熏硫。一般每吨鲜果料需要硫黄粉 2～3 千克。将果料装盘送入熏硫室，在钵里放好硫黄粉，可以利用木片助燃。需要关闭熏硫室的门熏制 1 小时。

⑤ 烘制。将熏硫后的果料均匀摊放于烘盘里，转入烘房。起始温控在 50～60℃，果料稍微干一些时温控在 75～80℃，约需 10 小时便可取出。干燥过程中不要忽略换筛、翻转、回湿等操作。然后挑拣取出未烘干的果料再次放入烘盘烘干。

⑥ 成品包装。品质较好的成品富有浓郁的樱桃风味，大小均匀，肉质柔软，

呈现暗红或者带淡红色的暗灰色。将干燥后回软 2～3 天的成品剔除焦煳、破裂、褐变以及污染的果片，达到质量标准的装入塑料袋，定量装箱，贮藏于合适的条件下。

第十二节　话梅的干制

话梅是芒种后采摘的黄熟梅子（俗称黄梅）经过加工腌制而成。因为是说话、聊天时常吃的零食，所以叫话梅。

1. 原料

梅果、柠檬酸、甘草、白砂糖、甜蜜素、盐。

2. 工艺流程

选料腌制→烘制→脱盐再烘干→制浸液浸果料→三度烘干→成品包装

3. 操作要点

① 选料腌制。选取成熟度八九成的色泽度好的新鲜果料，清理出虫咬、有机械损伤以及霉烂果。一般摆一层果、撒一层盐，约需 7 天时间（具体时间要根据果料品种、周遭温度而定）。为了使盐渗透均匀需不断翻动，约两天翻动一次即可。

② 烘制。将沥干的果料送入烘箱，温控在 55～60℃，烘制到含水量在 10％左右。

③ 脱盐再烘干。用清水清洗掉果料的盐分，可以漂洗，也可以用浸泡换水的方法，最后果料盐分残留量控制在 1％～2％，接近果核的部分稍咸即可。沥干果料水分，温控在 60℃再度烘制半干。

④ 制浸液浸果料。配置浸液：水 60 千克，甜蜜素 0.5 千克，柠檬酸 0.5 千克，糖 15 千克，甘草 3 千克，适量的食盐。此一般是 100 千克果料的浸液量。顺序是先用 60 千克的水将甘草煮沸浓缩至 55 千克，在过滤后的甘草汁里加入其他配料。然后加热浸液直至 80～90℃，倒入果料慢慢翻动，促使果料充分吸收浸液，当果料全湿后送入烘箱烘制半干。再度放入浸液，反复进行，直到浸液完全被吸干为止。

⑤ 三度烘干。将吸完浸液的果料摊开装盘送入烘箱，温控在 60℃左右烘制，使得果料含水量在 18％左右。

⑥ 成品包装。黄褐色或者棕色，大小一致，果型完整，表面略干有皱纹，口感适宜。包装前在话梅表面喷洒香草香精，用塑料袋包装，然后再装箱，置于干燥处。

第十三节　青梅（青杏）的干制

杏（*Prunus armeniaca* L.）属蔷薇科落叶乔木。青杏就是未成熟的杏子。因颜色青绿，俗称青杏。青杏口味颇酸，相较于成熟的杏子是另一种口味，同样颇受欢迎。

1. 原料

优质青杏。

2. 工艺流程

选料→腌制→压半去盐→糖浸糖煮→烘制→质检→包装贮藏

3. 操作要点

① 选料。选取个大、肉厚、核硬、成熟度约5～6成的新鲜青杏，无虫病，无伤疤，无机械损伤，新鲜。

② 腌制。腌制可以用石槽、大缸或水泥池等，放一层青杏放一层盐，大约腌制7～10天。一般100千克青杏需要盐18～20千克，可以加入清水使青杏不露在外面。

③ 压半去盐。将腌制好的青杏捞出，然后把青杏压成两半，剔除杏核、杏把，成为整齐的杏坯。压半的工具可以用一头连接的两块木板，手工便可压制，也可机械压制。然后用浸泡的方法去盐，把青杏坯放进注入清水的缸里浸泡约2小时，要使杏坯基本无咸味，换3～4次水。要想使青杏坯增加透明度、光亮度和硬度，需在最后一次换水后加入明矾和亚硫酸钠，100千克杏加入亚硫酸钠60克、明矾1千克。

④ 糖浸糖煮。这一步骤与腌制雷同，在容器内放一层青杏放一层糖，100千克青杏加糖65～70千克。糖渍时间一般为24小时，使青杏坯充分吸糖。然后进行糖煮，由于青杏质地比较坚实，一般采用多次糖煮法。比如煮4次：把糖渍杏坯连汤放入锅内，煮沸，再连汤放入缸中糖渍24小时，如此反复3～4次。每次煮时要注意溜缸，即将缸中心的杏片掏空，将糖浆向四周淋下，使受热均匀，防止中心温度过高而变色。之后捞出沥去糖液，摊放于笼屉上。为增强光亮的青色，第一次糖煮时每100千克杏坯可以加入柠檬黄、靛蓝各10克，加明矾300克，促进染色。

⑤ 烘制。青梅果料含糖高，容易被苍蝇和其他昆虫污染。所以需要迅速放入烘房或者烘箱进行烘制，温控在50～60℃。约烘制8～9小时，为保证受热均匀需要每小时翻一次。当青梅果料含水量达到16%～18%时即可停止烘制。

⑥ 质量标准。成品看色泽，色泽翠绿含糖饱满，无杂质，无残核；碎渣不超过 2％；含硫不超过 0.2％。符合卫生标准。干燥率为（4～7.5）：1。

⑦ 成品包装。用塑料袋烫封，每包 250 克或 500 克，然后装箱，置于干燥清洁处。

第十四节　化皮橄榄的干制

橄榄〔*Canarium album*（Lour.）Raeusch.〕属橄榄科橄榄属乔木植物。橄榄营养丰富，果肉内含蛋白质、碳水化合物、脂肪、维生素 C 以及钙、磷、铁等矿物质，其中维生素 C 的含量是苹果的 10 倍，是梨、桃的 5 倍，含钙量也很高，且易被人体吸收，尤适于女性、儿童食用。

1. 原料

白砂糖、新鲜橄榄、食用盐。

2. 工艺流程

选料→整理清洗→腌制脱盐→蒸煮→糖浸漂烫→烘干→质检→包装成品

3. 操作要点

① 选料。采摘果实渐渐变黄的橄榄，选取肉厚、皮细、中型的新鲜果实。

② 整理清洗。采用氢氧化钠化学去皮的方法，可用 2％浓度的沸碱液去除果皮，清洗干净果料表皮的残留碱液。

③ 腌制脱盐。将去皮后的果料倒入容器里，倒入食用盐，充分搅拌 20～30 分钟，目的是果料与食用盐不断摩擦，促进果料内部汁液的渗出。通常用盐量是果料的五分之二。最后清洗干净果料表面的盐渍。

④ 蒸煮。把腌制好的果料放入高压锅中，加入可淹没果料的清水以 0.15 兆帕压力蒸煮，果料变得松软即可，约需 10～15 分钟。

⑤ 糖浸漂烫。将沥干水分的果料倒入浓度为 50％的糖液中，不断加热直到沸腾，糖液浓度到达 65％时停止加热。在浸泡 24 小时后，加入适量的苯甲酸钠 0.1％、麦芽糖浆 20％、脱苦陈皮粉 1％，再度加热直到糖液浓度达到 80％停止。继续入缸浸泡约 60～70 小时捞出，沸水漂洗 1～2 秒，洗净表皮糖液。

⑥ 烘干。将果料装盘摊平入烘，温控在 60℃，当果料含水量降至 18％时停止烘制。

⑦ 质检。含水量在 20％以下，大小基本一致，果型完整，表面略干。

⑧ 包装成品。选用复合铝膜袋抽真空保存。

第十五节　火龙果的干制

火龙果（*Hylocereus undatus* Britt.）学名量天尺，是仙人掌科蛇鞭柱攀缘肉质灌木。火龙果味道香甜，具有很高的营养价值，它集于水果、花蕾、蔬菜、医药优点于一身，是一种绿色、环保和具有一定疗效的保健养分食品。

1. 原料

新鲜火龙果。

2. 工艺流程

选料→整理→切片→烘烤→成品包装

3. 操作要点

① 选料。针对红心火龙果，其比较圆、比较重的果汁多，果肉丰满；要选择果型较大、成熟度好的果实。表皮红色的地方越红越好，绿色的地方则较绿。

② 整理。清理干净果实表皮灰尘，剔除病虫害果、机械损伤果等。

③ 切分。去皮，切分，切成厚度约 5 毫米的果料片。切分的厚度直接影响烘烤的时间，越厚的所用的时间越长。

④ 烘烤。将切分好的果料片送入空气烘干机烘烤。一般温控在 50℃，因为火龙果里面的花青素对温度的耐受度是 50℃。烤制 18 小时左右，便可出烘。也不能烤制得太干，太干了，里面的小籽就会有煳煳的味道。一般果料和成品的比为 10∶1，也就是 10 千克果料出 1 千克火龙果干。

⑤ 成品包装。刚出烘的果片脆脆的，如果放置于空气中，很快就会吸水。所以采用真空密封包装比较好，可隔绝空气。

第十六节　草莓的干制

草莓（*Fragaria×ananassa* Duch.），多年生草本植物。草莓营养丰富，被誉为"水果皇后"。

1. 原料

新鲜草莓。

2. 工艺流程

选料→清洗→整理→糖煮→沥糖→烘烤→包装检验

3. 操作要点

① 选料。选择粒大、均匀、颜色鲜艳、无伤烂和疤痕、无病虫害、香气浓郁、酸甜适口的草莓为原料。

② 清洗。将备用草莓倒入流动清水中充分漂洗，除去泥沙等杂物。

③ 去果蒂。去蒂时要轻拿轻放，用手握住蒂把转动果实，或用去蒂刀去尽蒂叶。同时，剔除杂质和不合格的果实。

④ 加糖煮制。先配制浓度为40%的糖液，放入夹层锅中加热至沸腾，然后加入草莓果实，再加热至沸腾，保持10分钟。冷却后，取出糖液和草莓果，放入备好的容器中，在40%糖液中糖渍6～8小时。

⑤ 沥糖。将糖渍好的果实从糖液中捞出，平铺在竹筛上沥糖30分钟。

⑥ 烘制。将草莓果单层平铺于瓷盘上，放入烘箱中烘烤，控制温度的方法有3种：其一是在180℃保持10分钟，降至120℃维持20分钟，然后100℃保持24小时；其二是在180℃保持20分钟，降至120℃维持2小时，然后在80℃保持20小时；其三是在180℃保持30分钟，降至120℃维持1小时，最后在70℃维持12小时。这三种烘制方法效果基本相同，可自由选择。

⑦ 包装检验。剔除碎果、不规整果，然后装袋，即为成品。

第十七节　无花果的干制

无花果（*Ficus carica* Linn.）是桑科榕属的一种落叶灌木或小乔木，无花果除可以鲜食外，其药用价值也很高。果实可以加工制作果酱、果脯、罐头、果汁、果粉、蜜饯、糖浆及系列饮料等，是无公害的绿色食品，被誉为"21世纪人类健康的守护神"。

一、人工干制

1. 原料

新鲜无花果。

2. 工艺流程

选料→整理→切分→干燥→回软→成品包装

3. 操作要点

① 选料。采用个大、肉厚、刚熟而不过熟的无花果（成熟达八九成），这样制得的成品质量较好而且成品率也较高。

② 整理。剔除烂果、残果、机械损伤果和其他杂质，以清水冲洗后，切去

果柄。用碱液脱皮，配制 4％的氢氧化钠溶液加热到 90℃，用不锈钢锅，避免用铁、铝制的锅。把无花果放于其中在 90℃下保持 1 分钟，捞起无花果于水槽中用大量清水冲洗并使其不断揉搓滚动，并加入稀酸中和碱性，这样果皮就会脱落，在操作过程中要戴上手套，避免碱液对皮肤的腐蚀。脱皮后的无花果用 0.1％的亚硫酸氢钠浸果 6～8 小时。脱了皮的无花果要沥干水待用。

③ 切分。小果品种不用分切，大果品种可一分为二或切条切块，这样能加大物料与干燥介质的接触面，提高物料的透气透水性能，缩短干燥时间，降低能耗。特别是后期不能成熟的青果，需要切分，可采用人工切分或机械切分。

④ 干燥。将整理好的果料平铺在烘盘上送入烘房干制。初期温控在 80℃左右让其短期内大量蒸发水分，在加温的同时注意通风和排气，以利于水分蒸发。接近中后期温度要降低到 60℃左右，约在 12～16 小时内可烘制到含水量在 20％以下。

⑤ 回软。将干燥的无花果果干堆积在塑料薄膜之上，上面再用塑料薄膜盖好，回软两天左右。

⑥ 成品包装。无花果果干无虫蛀，无霉菌，无杂质，无泥沙，肉质柔软，有清香气味，甜香宜人，含水量在 20％以下。可采用塑料袋密封包装。

二、自然干制

一般成熟度不好的青果料切片晒干，可采用切片制干。其方法是：一是人工切片，果片厚度为 0.3 厘米左右；二是机械切片，可用切片机进行切片。成熟度好的可切可不切。

具体做法为：在天气晴朗的日子，将无花果采摘后，按品种以及级别逐个摊铺在芦苇席、透气性好的容器内（竹篓）或干净的水泥场地上，放置于阳光下晒干。也可放置于通风处阴干。注意在晒制时，要经常翻动、压扁、成形。待到干燥后，用塑料袋密封包装贮藏。

第十八节　桂圆的干制

桂圆，一般指龙眼（*Dimocarpus longan* Lour.），是无患子科龙眼属植物。果实营养丰富，是名贵的高级滋补品。

1. 原料

新鲜桂圆、0.2％柠檬酸、0.2％焦亚硫酸钠溶液。

2. 工艺流程

选料→果料整理→护色处理→干燥→成品包装

3. 操作要点

① 选料。选取新鲜的成熟果，将果粒从果柄根部剪下来。要求果肉厚实、果粒大、糖分含量高。

② 果料整理。首先对果料分级，生产规模不大时可用手工分级，用不同大小的圆孔分级筛按大小分级；生产规模较大时，为提高工作效率可用机械分级，可用各种通用机械。无论是手工分级还是机械分级都要尽量避免损伤果料，以免影响干制成品的质量。其次是把分好级的果料浸在 0.2% 柠檬酸、0.2% 焦亚硫酸钠溶液中，时间控制在 5～10 分钟。最后将果料捞出，放于摇笼中滚动摩擦掉表皮的蜡质以便干制。快速摇动的情况下需时 6～8 分钟，翻滚约 500～700 次。再用流动的清水将去除蜡质的果料冲洗干净，沥干水分待进一步加工。

③ 护色处理。为了确保干制成品的色泽，需要护色处理。方法很简单，即将整理好的果料熏硫 30 分钟。

④ 干燥。为提高效率和干制品品质，可采用隧道式热风或者是烘房人工干燥技术进行烘干脱水。前期需干燥 18 小时，温控在 65～70℃；回湿 5 小时左右继续干燥 5 小时，温控在 60～65℃；最后再回湿后干燥 2～3 小时。

⑤ 成品。成品果肉和果皮均为淡黄色；果肉具有桂圆特有的风味，口感甜；并且果粒完整不扁瘪破裂。干燥率为 3∶1，含水量为 15%～19%。

⑥ 包装贮藏。将干制成品置于密封空间（或者容器）内放置 3 天以内，再用塑料袋密封包装，装于纸箱内。存放于避光、阴凉、干燥、通风的库房内，或者是冷藏。

如果想得到桂圆肉（龙眼肉），待到桂圆干燥至七八成时，剔除果粒内部核，继续干燥至手抓不黏手即可。

第十九节　菠萝的干制

凤梨 [*Ananas comosus* (Linn.) Merr.] 俗称菠萝，为著名热带水果之一。凤梨营养丰富，其成分包括糖类、蛋白质、脂肪、维生素 A、维生素 B_1、维生素 B_2、维生素 C、蛋白质分解酵素及钙、磷、铁、有机酸类、尼克酸等，尤其以维生素 C 含量最高。凤梨既可鲜食，又可加工，可加工成糖水凤梨（菠萝）罐头、凤梨（菠萝）果汁等，凤梨鲜果还可速冻，可使营养与鲜凤梨一样。此外，凤梨加工中的副产品可制糖、制酒精、制味精等。

1. 原料

新鲜菠萝。

2. 工艺流程

选料→果料整理→浸泡→干燥→成品包装

3. 操作要点

① 选料。选取菠萝颜色呈淡黄色或亮黄色的八九成熟微带青绿光泽的；优质较好的菠萝大小均匀适中，果形端正，芽眼数量少，具有淡淡的清香，呈圆柱形或两头稍尖的椭圆形；果实挺实而又微软，如若轻压凹陷或者出水的说明已经接近变质或者已经变质，不适宜干制加工。当切开后，品质较好的菠萝果料可见内部淡黄色组织致密，果肉厚而果芯细小，果目浅而小等。

② 果料整理。将果料剔除两端，削皮清理干净芽眼儿，用流动清水冲洗干净。

③ 浸泡。将冲洗干净的果料沥干水分，切分成 1 厘米以下厚度的片状（菠萝片厚度关系到干制的时间）。然后浸泡于温的食盐水中，达到去酶抗敏、增加甜度的目的，需要时间至少 10 分钟。

④ 干燥。把果片沥干水分，均匀摆放于烘筛或者烘盘上，尽量不要重叠，否则会影响干燥速度和成品的品质。送入烘干机，温控在 65℃左右，需 20 小时左右（时控与果片厚薄、摊铺厚度有关），可根据所需成品的含水量增加时间。

⑤ 成品。一般成品越接近原始物料色泽和风味，果片完整为优质菠萝片。

⑥ 包装贮藏。菠萝片容易回湿，所以需要密封保存，放进密封罐里或者密封袋封好均可，口感能保持久些。

第二十节　杨桃的干制

杨桃，一般指阳桃（*Averrhoa carambola* L.），是酢浆草科阳桃属植物，浆果肉质，下垂，有 5 棱，很少 6 棱或 3 棱，横切面呈星芒状，长 5～8 厘米，淡绿色或蜡黄色，有时带暗红色。主要以果实鲜食以及加工渍制成咸、甜蜜饯之用。

1. 原料

新鲜杨桃。

2. 工艺流程

选料→果料整理→漂洗切片→护色→干燥→成品包装

3. 操作要点

① 选料。选取新鲜且表面光滑、无伤痕裂口、完整、无病虫、大小适中、颜色绿（棱边为绿色）中带黄、手掂稍重（稍轻的说明存放太久）的杨桃为原料。

② 漂洗切片。将选好的果料先用水浸泡 10 分钟，再用流动的清水冲洗干净，沥干水分。首先切去杨桃两端，再削去棱角边，纵切两半，或者横切呈五角星片状；横切一般果片厚度为 1 厘米以下的薄片（薄片烘烤时间较短）。

③ 护色。因杨桃果皮富含单宁，在烘干加工过程中极易因接触空气而氧化变色，使得干制成品出现褐色甚至黑色。为避免切分好的果片发生色变，一方面要迅速进行加工，注意少接触空气；另一方面需对原料进行护色处理。护色可选择方法较多，如热烫、蒸煮、浸泡、熏制等。简单介绍其中的熏硫法，在熏硫室（密闭空间即可）内将果料片放置于木架之上，均匀摆放，然后点燃硫黄，硫黄燃烧会产生二氧化硫气体，注意密闭空间，让二氧化硫气体充满室内，时控在 0.5～1 小时即可。而后打开排气设施以及门窗通风排气。一般 1000 千克物料，用粉状纯净不含砷硫黄 3 千克以内，以免危害身体健康。其二是浸硫法，此法需时 6～8 小时，较前法时间有些长，但简单易操作。也就是将切分好的果料片浸泡于 0.1% 亚硫酸氢钠溶液里。

④ 烘干。将果料平铺于烘盘上送入烘房（也可用其他方法如微波干燥），需烘干 20 小时左右，温控在 65～75℃，直至干制杨桃果片成品含水量达到 20% 以下，便可停止烘干。

⑤ 成品包装。成品颜色与原物料无太大区别，无破损，无焦煳、粘连等情况即为合格成品。待到烘干冷却后，取出密封包装贮藏。

第二十一节　猕猴桃的干制

猕猴桃，一般指中华猕猴桃（*Actinidia chinensis* Planch.），是猕猴桃科猕猴桃属植物。中华猕猴桃的口感甜酸、可口，风味较好。果实除鲜食外，也可以加工成各种食品和饮料，如果酱、果汁、罐头、果脯、果酒、果冻等，具有丰富的营养价值。

1. 原料

新鲜猕猴桃。

2. 工艺流程

精选原料→原料整理→去皮、切片→护色→干燥→成品包装

3. 操作要点

① 精选原料。一般猕猴桃八成熟时采摘较为适宜，挑选果实完整，无病虫害、无破损的猕猴桃为原料。

② 原料整理。最好能按个头大小分级，提高成品品质。剔除霉烂果、病虫果、畸形果。用清水清洗干净表皮的泥沙杂质等，最好用流动水。

③ 去皮、切片。碱浸去皮，在微沸水里放入20％以内的氢氧化钠溶液，水温约105℃左右，倒入定量的猕猴桃原料，浸泡1分钟左右；原料果皮呈现黑色时捞出，放在筐内，不停摇动，原料互相磨搓便可搓去果皮；再用流动的清水冲洗干净原料上残留的碱液；然后放入1％以下的盐酸溶液中进行中和，一般常温下需要30秒；捞出无皮的猕猴桃再次用流动的清水洗净，沥干水分。下一步切片，清理干净残留果皮，切去两端，然后将其横切成4～6毫米厚的薄片。最好选用机械切片，那样厚度一致，效率高。

④ 护色。可以用熏硫法进行护色，一般100千克猕猴桃原料用硫黄0.4千克，需要时间4～5小时。也可以用漂烫。

⑤ 烘干。熏硫后的猕猴桃装盘，注意均匀摆放；送入烘干机（烘房），烘干时间约为20～24小时，温度控制在65～75℃，当干制成品水分含量在20％以下时即可停止烘干。

⑥ 成品包装。待到成品取出冷却，进行密封包装；要注意一般的猕猴桃干成品为暗绿色，色彩过于亮丽的可能掺有人工色素；味道甘醇的营养价值高。

第二十二节 李子的干制

李（*Prunus salicina* Lindl.）是蔷薇科李属植物。果实味甘、酸，性平，归肝、肾经，具有清热生津之功效，可用于虚劳骨蒸、消渴；作为水果，李也是温带重要果树之一。

1. 原料
新鲜李子。

2. 工艺流程
精选原料→原料整理、漂洗、剔核→干制→成品包装

3. 操作要点

① 精选原料。选择充分成熟而不会一捏就烂的新鲜李子，含糖量在10％以上，纤维少、肉质致密、果皮薄、核小以及大小适中的。

② 原料整理、漂洗、剔核。剔除机械损伤及破损果、病虫害果、霉烂果等，

清理干净表皮泥沙等杂质。李子原料表皮有一层蜡质，会影响干燥速度，所以需要用碱水浸泡李子原料去除蜡质；将选好的原料浸泡于浓度为 0.25%～1.5% 的氢氧化钠溶液中，浸泡时间不宜过长，控制在 4～30 分钟内；原料果皮出现极细的裂纹时为浸碱良好，呈现果皮破裂或脱落的则浸泡过度。将从碱液中捞出的原料用清水洗净表皮碱液。剔除果核需要用不锈钢水果刀剖开果实，可以沿着左右之间的缝合线切成两半，除去果核。

③ 干制

自然干制：将李子原料均匀平摊于竹筛上（最好大小分级，便于适时翻动），暴晒于阳光下，一般晴朗天气需要 4～5 天。期间暴晒 2～3 天后需要翻动一次，以避免因堆积造成变质或者是粘连在竹筛上。依据果型的大小和品种而定，较大果型的品种需要翻动多次。

人工干制：将整理好的李子原料先按个头大小分级后均匀摊铺于烘盘上，注意原料不能摊放得过厚。送入烘干箱或者是烘房，烘干大约需要 20～36 小时，为保证干制品品质和干燥速度，中间要翻动一次。一般起始烘干温控在 45～55℃，终结温控在 70～75℃，相对湿度为 20%，干燥率一般为 3∶1。

④ 成品包装。李子干成品含水量为 12%～18%，果肉柔韧紧密，色泽鲜，无焦煳，无发霉现象。待到干燥后的成品冷却后，经过分级，按级装入纸箱，纸箱内需铺有防潮纸，然后储藏回软需要 14～18 天。

第二十三节　哈密瓜的干制（瓜脯）

哈密瓜（*Cucumis melo* var. *saccharinus*），主产于吐哈盆地（即吐鲁番盆地和哈密盆地的统称），其形态各异，风味独特，瓜肉肥厚，清脆爽口。哈密瓜营养丰富，含糖量最高达 21%。哈密瓜除供鲜食外，还可制作瓜干、瓜脯、瓜汁。

1. 原料

新鲜哈密瓜。

2. 工艺流程

精选原料→原料整理→晒干→浸泡后糖煮→烘干→成品包装

3. 操作要点

① 精选原料。一般采收成熟度七成的、个头较大、肉质肥厚、外绿内红的新鲜哈密瓜为加工原料。

② 原料整理。首先将哈密瓜原料清洗干净并去皮，可用专用刀具刨掉粗纹理的表皮层，但要注意保留青肉层。其次是剖成两半，剔除瓜瓤和瓜籽，不可用

铁刀具，可以用铝匙或不锈钢刮刀等。当然瓜籽并非是废弃物，还可留作他用。最后就是切分原料为瓜条，约4～5厘米即可。

③ 晒干。还需要用2%的重亚硫酸钠溶液漂洗瓜条防蛀，将瓜条浸泡10分钟，然后捞出沥干水分平铺于竹席或者竹筛上。暴晒于阳光下，当瓜条水分含量为18%及其以下后，便可装筐留用，筐的材质不可用铁质以免瓜条褐变。

④ 浸泡后糖煮。将干瓜条浸泡于清水中约4小时，使之复水成鲜瓜条状，留待进一步加工。此种方法，避免了季节问题，有效解决了原料保存问题。再将复原后的瓜条放入糖水中煮沸，此时为17波美度左右，约15分钟后再加入白砂糖以加大锅内糖液浓度，控制在25波美度左右，煮约30分钟。捞出在24波美度的凉糖液中浸泡到半透明状，需时12小时。

⑤ 烘干。浸泡后的瓜条捞出沥干糖液，剔除糖浸不均匀以及残次品，平摊于烘盘上，注意厚度均匀。开始入烘，瓜条需要烘烤约12小时，温控在65～68℃，期间需要翻盘一次。

⑥ 成品包装。哈密瓜脯出烘后即可分级并用塑料袋或者纸盒包装，一般瓜脯含水量在10%以下；呈现褐色、半透明条状；还原糖18%～20%，总糖量65%～70%。

第二十四节　佛手的干制

佛手（*Citrus medica* "Fingered"）是芸香科柑橘属常绿灌木或小乔木。其果实在成熟时各心皮分离，形成细长弯曲的果瓣，状如手指，故名佛手。成熟的金佛手颜色金黄，并能时时溢出芳香，消除异味，净化室内空气，抑制细菌。挂果时间长，有3～4个月之久，甚至更长，可供长期观赏。

1. 原料

新鲜佛手。

2. 工艺流程

热风干燥：佛手→清洗→切分→常压蒸汽灭菌5分钟→干制

微波-真空冷冻组合干燥：原料→清洗→切片→微波预干燥处理→预冷→－40℃下冻结→真空冷冻干燥

3. 操作要点

① 选果。选取大小均匀、成熟度相同、完整无损伤的新鲜果实。

② 清洗。使用自来水反复对佛手进行清洗，冲洗干净后再用去离子水进行清洗。

③ 切片。洗净后的佛手果实用切片机切成 0.3～0.5 厘米厚的薄片。

④ 干燥。

热风干燥选择的干燥参数：低高中 55℃-75℃-65℃（55℃维持 5 小时，75℃维持 5 小时，65℃维持 5 小时）。

微波-真空冷冻组合干燥：将预处理好的佛手片先进行微波预干燥处理，然后进行预冷，接着在-40℃条件下冻结，再进行冷冻干燥。最优工艺条件为：微波功率 560W、微波干燥时间 2.5 分钟、物料厚度 7 毫米，此条件下的冻干总时间为 9.8 小时。

第八章　花卉的干制加工实例

08 Chapter

鲜花干制的方法较多，例如风干法、烘房烘干、隧道烘干、常温压制法、沙（硼砂）干燥法、干燥剂包埋法、甘油干燥法、微波炉干燥法等。干制的花卉可食用，可观赏（制作各种饰品、工艺品、日用品），也可用于园艺治疗的延伸性活动等（前面已介绍了人工干制之机械干燥，所以不再赘述）。

1. 悬挂风干法

这是最简单、最常用的一种制作干花的方法，不需要任何机器，仅靠自然风就可完成。选一间温暖、干燥且通风条件良好的房间，室内温度不应低于10℃。通风好的柜子，有加热设施的房间，或是顶楼、阁楼之类的地方都可以。花在干燥过程中有装饰价值，所以也可以把卧室和餐厅作为风干的场所。但这种方法最适合像飞燕草和薰衣草这样的小型花卉，采摘花朵时也要注意摘取初开的花朵，因为在风干过程中花朵还会开放一些，容易导致花瓣脱落。风干之后的干花成品虫蛀可枯萎的现象也容易显现，所以要选取新鲜、品质好的花朵，以降低类似问题发生的可能性。

风干前，避开梅雨天气，尽量将鲜花倒挂在干燥的空间，因为光照是使得花卉在风干过程中变色、滋生细菌、导致腐烂的一个重要因素，所以也要避免阳光直射，尽量置于黑暗处。具体操作为：先去除花梗上的所有叶片。然后按品种分类。取10朵以内同一品种的花用麻绳扎成一束；如果能用橡皮筋捆扎更好，橡皮筋有一定的松紧度，即便花卉已经风干枝干萎缩，橡皮筋能伸缩自如牢固抓住花枝，而不会掉落。

最后将扎成束的花卉枝倒挂于选好空间的距离屋顶15厘米以下位置。倒挂是为了保持花草的形状完好，所以每一束里的细枝末节，尽量依次高低错开，避免互相挤压变形。

通常待到1~4周内，花朵枝干变脆的时候，风干的工作就完成了。避免干花朵花枝由于干脆而脱落的方法是在干花朵枝干外面喷一层喷胶，例如发胶；同时还可以防止干花和枝干因吸收空气内水分而被氧化发生褐变。

2. 加热风干

例如可以用微波炉烘干，用电熨斗、烤箱等。特点是时间短，不需别的媒介工具。百草、雏菊、玫瑰、金盏花等，还有一些草类如蒲苇、大蓟、纸莎草等，基本适用于这种干燥方式。

干制花卉前需要选取花料，尽量不要选取颜色深的花朵，因为干制后的成品颜色会变深；也尽量不要选取颜色很淡的花卉，干制后几乎没有颜色，还容易褐变。

用加热的方法干制花卉，所需时间大不相同，其一与烘干机械的功率、温度以及烘房的空间大小都有关系；其二是与花料所铺厚薄以及花料本身的厚度等都有关系；其三是针对一些浆果类在微波下容易爆裂的情况，在干制前需将其存放于通风干燥以及阴凉处约一周时间。

无论是用微波炉烘干，用电熨斗还是烤箱，时间都不宜过长免得焦煳，一般在10~30秒为宜，如果还未达到干燥的效果，可再度加热处理。加热前按照一层硬纸板（可用玻璃、瓷砖、复合木地板等加热不易变形的有些质量的材料）-一层卡片纸-花-卡片纸-第二层硬纸板以此类推的顺序排列。对于加工好的成品，取出时尽量小心，以免损坏干花制品。

3. 用硼砂和玉米粉混合物做干花

准备一个可以密封的容器、硼砂（可在手工艺品店或家庭用品店找到）和玉米粉（或沙子）等。

将硼砂和玉米粉混合装入容器，硼砂功能是干燥花朵，玉米粉则是撑托着花朵的形状，防止干瘪。保证混合物充足能覆盖所有花朵。把花放入容器，置于混合物之上，然后用勺子将混合物慢慢覆盖花朵。沙子里可以加一些草，使花瓣能处于自然状态，避免扭曲。最后要将花朵彻底掩埋在混合物中，盖上盒盖。等待干制，少则几日，多则几周，依花瓣中的水分和空气湿度而定。

定期查看是否按理想状态干燥，适当的时候就可以把它们取出。如果想要加快干燥速度，可将埋在硼砂和玉米粉里面的花卉连同容器一起放入微波炉加热，可缩短干燥时间。

黏土猫砂、硅胶等各种吸水性能好的物质都可以作为干燥剂。

4. 用二氧化硅干燥花朵

对于那些颜色鲜艳且娇贵的较大的花朵，可用硅胶（化学制剂品店等处均可买到）干燥。硅胶又名氧化硅胶和硅酸凝胶，呈透明或乳白色（目前市面上也有一些是橙色的）颗粒，可有效吸收水分，吸湿量能达 40％以上，能耐盐酸、硫酸、硝酸的浸渍，有球形和不规则形两种。通常使用的是变色硅胶，可以根据硅胶颜色变化来判断是否已经吸水。硅胶是可以重复使用的，当它们变色之后，只需要放入微波炉、烤箱等中烘烤，即可恢复原状，留待下次使用。

一般使用硅胶干制花卉速度较快，需时 2～5 天。方法极为简单，即选取可密封盖子的盒子在底部铺上一层硅胶颗粒，将要干燥的花朵摆放好，再在上面盖一层硅胶。简单地说就是将花料完全埋藏于硅胶里，最好密封，目的是隔绝空气，免得硅胶吸收空气中的水分而拖延干燥时间。

5. 常温压制

压花最常见的是用书本、纸板等压制，大多做压花艺术创作或者园艺治疗人士选用干燥板压花，干花质量优于前者。

① 简单的压制方法。挑选花朵，小的较扁平的花朵最适宜，茎部也不能太粗太圆，花朵不能太有立体感，常用的有三色紫罗兰和紫丁香。摆出造型压制成品。将花朵放置于干燥的纸上，选用的底纸最好是遮光的，如报纸、卡纸、餐巾纸等，摆好后放上另一张纸压住；也可以将花朵摆放为喜欢的造型，夹在书中；将大且重的物品压在夹好花的纸上，比如字典、书籍、砖块等，也可以用重重的盒子和木头。期间要随时打开观察，如是否需更换衬纸，以加快干制速度。成品干花出炉后，可以做成生活用品、饰品等以及裱起来或做成书签。

这种方法耗资少或者是没有耗资，但是花朵干燥速度较慢，干花品质也较差，很容易因接触空气和阳光而变色。

② 干燥板压制。操作过程与前面书本报纸方法雷同。一层干燥板上面铺上一层衬纸，摆放花朵枝叶，再盖上衬纸和海绵（海绵是给花朵枝叶一个缓冲的过程，免得因快速脱水而使得成品断裂），以此类推。干燥板压制所需时间短，一般为 1～7 天，干花本来颜色容易保留。

第一节　菊花的干制

一、菊花的微波干制

菊花（*Chrysanthemum × morifolium* Ramat.），是菊科菊属多年生草本植物。菊花观赏价值较高，除盆栽或配植花坛外，常用作切花材料。部分菊花品种可供饮用，称为茶菊；味甘甜的菊苗及部分品种的花瓣，可作蔬菜。

1. 原料

新鲜花朵。

2. 工艺流程

选料→整理→上笼蒸制灭酶→护色冷却→干制→质检包装

3. 操作要点

① 选料。想要干菊花质量好首先要保证的是菊花的采摘要适时，选取新鲜的刚刚开放且是半开的花朵。

② 整理。剔除霉烂朵、虫蛀朵、机械损伤朵等，用流动的清水洗净花料。动作要轻，尽量不要揉搓花瓣，以免花瓣发生褐变，影响成品质量。

③ 上笼蒸制灭酶。将沥干水分的菊花上笼，温控在95℃，最佳时间50秒，花料厚度1.5厘米。

④ 护色冷却。将蒸制后的菊花浸泡在0.2%的小苏打溶液中，用冰水混合液迅速将热烫过的菊花冷却到10℃以下，做好干制准备。

⑤ 干制。冷却的菊花料可采用微波干制的方法，干燥频率为2450兆赫，铺花料厚度为2厘米，干燥时间为16分钟。

⑥ 质检包装。优质的成品干花花瓣分明，干燥均匀，无卷边，无明显干缩，色泽金黄，复水后粘连较少，花瓣完整，茶色为黄色，无异味，具有菊花的香气和涩味等。

真空包装易于保存，品质好的成品可保存2年。包装袋里放入一定量的袋装氯化钙和氢氧化钠。

备注：一些地方也可简单地选料、整理、上笼蒸制，然后摊放于竹席上，自然晒干。晒干过程中注意要翻动，晾晒均匀等。这种方法用时较长，成品品质不如微波干制的。

二、菊花的自然干制

传统的人工干制法是晾晒法，选取平地或者石板地，要背风向阳，每天日照时间较长。最佳的晾晒时间是在早晨，地面还未晒热前。晾晒厚度可以根据太阳光的强弱决定，光强稍微厚一点，光弱稍微薄一点。每天即晒即收。

目前，一些地方采用筐晒法。可以用木棒搭建成所需要大小的筐架，筐架不要太深，太深放花料太厚不利于晒干。然后可利用高粱秸或席（高粱秸不要去皮，以利吸水和避免强光反射）做底制成筐子。例如长2米、宽0.8米、深8厘米的筐子，每筐晒鲜花2.5～3.5千克，均匀铺撒，利于花料干燥。将筐子放置于南北朝向向阳通风处。夜晚或者遇到阴雨天气，将筐子叠放，两筐之间垫上木棒利于通风，用雨布席子等遮盖防露防雨。一般晒至含水量为 20％就可倒到席子上翻晒。

这两种方法简单易于操作，成本较低。但是靠自然晾晒，时间长，损失重，一等花产量低。特别是对于大面积种植地，自然干制并非首选方法。

三、烘房干制菊花

1. 原料

新鲜菊花。

2. 工艺流程

烘房准备→选料整理→初烘→上花烘→温控通风→出成品

3. 操作要点

① 烘房。一般可以两间，房子一头修两个炉口，房里修火道，火道采用回龙坑形式，长 6 米、宽 5 米。室内两侧离墙 20 厘米处各设钢或木头烘架一个，架间留 1.4 米的通道。架长 5.6 米、宽 1.6 米、高 2.6 米，架分 10 层，层距 20 厘米，底层离火道 40 厘米。每层放菊花筐子 8 个，筐间距 10 厘米，共上花筐 160 个，每筐上花 3 千克左右，一次可烘鲜花 500 千克左右。筐子可用高粱秸或席做底，木板当筐，长 1.6 米、宽 60 厘米。另外屋顶留烟囱和天窗，在离地面 35 厘米处，每间房前后墙各留相对的一对通气孔便于通风排气。

② 选料整理，初烘。依据前面的方法将花料整理好，待烘。烘房上花前，先提高烘室内潮气和温度，当室温上升到 30℃时，即可预备上花。第一炕预烘时间较长，以后接烘，缩短烘干时间。所以烘花炕数越多，平均耗煤量越多。

③ 上花烘。当室内温度上升至 35℃时，即可装花。装鲜花先按 3～4 厘米的厚度均匀地撒在花筐里，然后将筐子整齐地排放在烘干架上。装好后，关闭门窗，堵塞通气孔，进行烘烤。每烘 20 小时左右，为保证烘制均匀需要将架上边和下边的筐子相互倒换一次位置。

④ 温控通风。当室温提高到 40℃左右时，鲜花开始排水，可打开天窗，排出水气。5～10 小时内，室温应保持在 45～50℃，这时鲜花大量排水，要打开气孔，使水汽迅速排出。有时会出现温度不够的情况，可控制气孔来控制烘房内温度，当潮气大时再通风，最多通风 5 分钟。10 小时后，鲜花的水气大部分排出，室温达 55℃时，花料迅速干燥。

⑤ 出成品。成品将要出烘时一直通风透气，伴随陆续减火，温度降到 40℃以下，成品出。如想继续作业，干花出炕后，应迅速关闭通风口和天窗，温度升至 35℃时再装花，可降低燃耗。

四、贡菊的干制

黄山贡菊［*Chrysanthemum morifolium* Ramat.］又称"贡菊"、徽州贡菊、徽菊，是黄山市的传统名产，其与杭菊、滁菊、亳菊并称中国四大名菊。因在古代被作为贡品献给皇帝，故名"贡菊"。盛产于安徽省黄山市的广大地域。黄山贡菊主产区在黄山歙县金竹村一带，其生长在得天独厚的自然生态环境中，品质优良，色、香、味、型集于一体，既有观赏价值，又有药用功能，被誉为药用和饮中之佳品，是黄山著名特产，驰名中外。

1. 原料

选取新鲜花朵。

2. 工艺流程

选料→整理→烘房烘干→质检包装

3. 操作要点

① 选料。想要干菊花质量好首先要保证的是菊花的采摘要适时，选取新鲜的刚刚开放且是半开的花朵。

② 整理。剔除霉烂朵、虫蛀朵、机械损伤朵等，用流动的清水洗净花料。动作要轻，尽量不要揉搓花瓣，以免花瓣发生褐变，影响成品质量。

③ 烘房烘干。烘房上设有通风口，以便于排除水汽，一般烘房面积在 10 平方米以上。采用炭火烘干，不见明火为宜，所以炭火要盖上。将整理好的花料上烘筛，均匀铺开不要太厚，一般花与花之间不留缝隙。开始第一轮烘焙，沥干水分的花料约需 2.5～3 小时，湿花料约需 5.5～6 小时。此时炭火上层温度约80℃，烘房内温控在 40～50℃。当温度达到 53℃时需要注意控制火势，温度过低导致花料变色；而温度过高，花料会发焦。当烘制九成干时，转入第二轮烘焙，温控在第一轮的三分之一，时间控制在 1.5 小时左右。

④ 质检包装。同前（略）。

第二节　玫瑰花的干制

玫瑰（*Rosa rugosa* Thunb.）是蔷薇科蔷薇属多种植物和培育花卉的通称。一般是指带有浓郁玫瑰花香，一年一次或多次开花。玫瑰作为经济作物时，其花朵主要用于食品及提炼香精玫瑰油，玫瑰油应用于化妆品、食品、精细化工等工业。

1. 原料

新鲜玫瑰花。

2. 工艺流程

选料→整理→上盘→烘干→质检→包装贮藏

3. 操作要点

① 选料。以萼尖微张、蕾尖发红、含苞待放之前为采摘的最佳时期,形状像毛笔或者笔尖,得名"笔尖花"。如天气晴朗气温较高,花萼张开就采收。就是采收充分膨大但未开放的花蕾。而平阴玫瑰采摘的是半开的。花蕾采摘后用竹笼或竹筐盛装,并立即送到加工地点。盛花时不要压得太紧,热量增加,会使温度升高,影响玫瑰精油以及香气。采收后1小时内就进行加工的品质最好。新鲜花蕾,色泽鲜艳,花朵大小均匀,弱小花蕾少于5%;蕾托完整,无花柄,无杂质,无虫蚀,无异味,香味纯正,花蕾开放度符合要求等。一般在上午或者是傍晚采收比较好,有些地域,为了采到品质更好的花蕾,应在凌晨三四点开始采收。

② 整理。剔除颜色不鲜艳花蕾、特别弱小的或者过于开放的;剔除病虫害花蕾;清理干净杂质。

③ 上盘。将挑选后的鲜花蕾均匀摆放在有铁丝网底的木框干燥机内或者烘筛上,更好的是不锈钢烘盘。花瓣统一向下或向上,摆放均匀,厚度一致,勿挤压;通常摆放的没有空隙即可。花蕾不能变形、磨损。

④ 烘干。送入烘房或者是烘干机开始烘干。为了使玫瑰的活性不变,花青素尽可能地保留,采用低温烘焙。温控在40℃左右,时间持续24小时。

⑤ 质检。人工检查成品品质,色泽天然,芳香扑鼻。一般呈现紫红色为正常色;色彩鲜艳的含硫。

⑥ 包装贮藏。晾至常温,轻轻装入无毒的塑料袋内,扎口密封,装入标准纸箱中。也可采用真空铝箔密封包装,然后再装箱,以便保障品质。贮藏于阴凉、干燥、符合卫生标准的仓库内,并保持仓库内干燥通风,且包装箱要离地、离墙各20厘米。

第三节　茉莉花的干制

茉莉花 [*Jasminum sambac*（L.）Aiton] 为木樨科素馨属直立或攀缘灌木植物,高达3米。茉莉花"翠叶光如耀,冰葩淡不妆",花朵洁白玉润,香气清婉柔淑,可用于庭院栽培或者摆放赏花。

1. 原料

新鲜茉莉花。

2. 工艺流程

选料→整理→风干（烘烤）→成品

3. 操作要点

① 选料。在连续晴朗或者气温高的天气人工采摘最适宜，一般在上午 10 时采摘、晚上即能开放的花蕾。

② 整理。清理掉过长蒂柄、细小萼片和花瓣，留下完整度好的花料。

③ 晾晒。风干是常用的方法，选取温暖干燥、通风较好的房间或者场地，平铺（悬挂）茉莉花，自然干燥。这种方法成本低，但是干花容易发黄、褐变。

如果想使成品色泽好，可用高温烘烤，温控在 90℃。

④ 成品。密封包装。

第四节　桂花的干制

桂花的干制最好用高温烘烤快速干燥或者冻干脱水（升华干燥），可以保存原有的香气；如果是风干，则不容易保留原有的香气。

1. 原料

新鲜桂花。

2. 工艺流程

采摘→整理花料清洗→烘烤→晾凉→成品

3. 操作要点

① 采摘。一些桂花有二次或者三次开花的情况，但是香味较淡，一般采摘以一次开花为主，约占总产量的 60%～90%。桂花开放过程短促，约 3～4 天，采收在初花期，也就是花瓣似开未开时。最好是在树上采摘，便于整理。采摘下来的花料建议用镂空容器盛放，高度 1 米以内，免得压坏、闷坏，影响干制品的质量。

② 整理花料清洗。先将花料过筛，去除杂质；再放入水中清洗，捞出放入盘中平铺，沥干水分。

③ 烘烤。将烘盘送入烤箱烘烤，温控在 240℃，需时 1 分钟。在烘制过程中需要翻盘一次，免得受热不均匀，影响干制品效果。桂花体积小很容易烤煳，所以操作人员需要时刻观察。

④ 晾凉。取出成品，待晾凉，密封保存。

⑤ 成品。干制品金黄色，无焦煳，无杂质，花型较完整，香气宜人为品质较好的。

第五节　金银花的干制

金银花，即忍冬（*Lonicera japonica* Thunb.），为忍冬科忍冬属半常绿缠绕藤本植物，因其凌冬不凋谢而得名。其性甘寒，清热解毒、消炎退肿，花型独特，具有很高的园林观赏价值，也可做凉茶，当饮料饮用。

1. 原料

新鲜金银花。

2. 工艺流程

选料→整理→自然干制→包装→成品

3. 操作要点

① 选料。一般在上午 9～12 时采花；如有烘干设备，则在有露水时和降雨天也可采摘。在恰当的采摘时间采摘的花朵，可以加工出优质的干制品。上午采收的金银花香气浓郁，色泽好，而且容易干燥。花蕾和花组织很嫩，必须轻采轻放，忌用手将掐紧压，以免影响质量。盛放花料的容器必须是透气性好的藤篮或者竹篮，不能用布袋、塑料袋、纸盒装，以防受热生潮，变色生霉。

② 整理。剔除残次花料、杂质，保证卫生。

③ 自然干制。方法有托盘晾晒、场地晾晒和室内阴干。

托盘晾晒：首先注意遮阳，保证成品色泽。其次可选用不锈钢、竹子、窗纱质地的托盘，将金银花薄薄地摊铺在托盘上。将托盘置于通风向阳处，北高南低，以利通风。至其八成以上干时，方可翻动或者合盘晾晒，夜间或者遇雨要及时把托盘放在屋内，避免沾水变色，晴天继续晾晒，直至晒干。

场地晾晒：场地晾晒和托盘晾晒类似，首先为了保证花料的色泽要注意遮阳；场地可用水泥地、房顶等，注意要选择背风向阳、日照时间长的地点。将金银花均匀地薄薄地摊铺，晒至八成以上干时方可翻动。若当天不能晒干，需用篷布遮盖好，转天继续晾晒。

室内阴干：除了不需要遮阳和遮盖，其他的都和前两种方法一样。只是阴干期间要保证室内通风、相对干燥，4～6 天可晾干。

④ 包装。密封保存。

⑤ 成品品质。一等品：花蕾呈棒状，上粗下细，略弯曲，表面绿白色，花冠厚稍硬，握之有顶手感；气清香，味甘微苦。无黑条、黑头、枝叶、杂质、虫蛀、霉变。二等品：与一等基本相同，唯开放花朵不超过 5％。破裂花蕾及黄条

不超过10%。三等品：花蕾呈棒状，上粗下细，略弯曲，表面绿白色或黄白色，花冠厚质硬，握之有顶手感。气清香，味甘微苦。开放花朵、黑头不超过30%。无枝叶、杂质、虫蛀、霉变。四等品：花蕾或开放花朵兼有，色泽不分。枝叶不超过3%，无杂质、虫蛀、霉变。

金银花的人工干制烘干：上花前先预烘将温度上升至35℃时即可装花，鲜花厚度保持在2~3厘米，将托盘整齐地排放在烘干架上，关闭门窗，堵塞进气孔，进行烘烤。每个烤房内放置一个车间用的大型落地扇，不停扇风使室内上下受热均匀。装好花后，要立即增加火势，当室温提高到40℃左右时（一般6小时），室温保持在40~45℃，待鲜花的水汽大部分排出（如达不到8成干以上，需延长控温40~45℃的时间），这时再封住进气孔，把室温提到55~60℃，金银花迅速干燥。整个烘干过程一般需历时18小时。出烤房前1小时左右陆续减火，打开进气孔一直通风透气。烘干时，应注意的三个关键问题：一是第一层托盘一定要距离炉口1米以上，最好1.4米以上；二是一定要在排湿期间打开进气孔、天窗和排风扇，使烤房内形成对流；三是要等到金银花8成干时再加温，否则可能造成黑头。

第六节　牡丹花的干制

牡丹花的干制可采取压制、干燥剂包埋法、真空冷冻干燥等方法。下面简单介绍真空冷冻干燥牡丹花。真空冷冻干燥是先将湿物料冻结到共晶点温度以下，物料里的水分变成固态的冰，然后在适当的温度和真空度下使冰升华为水蒸气。物料里的水分物态变化移动，最后将水蒸气凝结而获得干燥制品。

1. 原料

品相好的牡丹花。

2. 工艺流程

选料→预冻→真空冷冻干燥→成品包装存放

3. 操作要点

① 选料。选取新鲜品相好的花料，剔除有病虫害、机械损伤的，清理干净灰尘、泥沙等，简单整理花柄。

② 预冻。将整理好的牡丹花送入雾化室，控时约15分钟，使水蒸气能够充分而均匀地覆盖到鲜花花瓣的表面，一般超声波雾化加湿效果较好。然后将雾化后的花料送进干燥室，进行降温预冻。温控在−45℃，控时在2小时左右。为了

维护花型，注意摆放方式。

③ 真空冷冻干燥。干燥阶段可分为升华干燥阶段和解析干燥阶段，前者干燥花料中的自由水，后者干燥花料中的结合水。真空度设置为10帕，需时24小时左右。解析干燥阶段加热温度30℃。待到花料完全干燥后，打开放气阀恢复常压，可取出干制品。

④ 成品包装存放。隔绝空气密封包装，在远离潮湿避光的环境贮藏。

第七节　金盏花的干制

金盏花（*Calendula officinalis* L.），菊科金盏花属一年生草本植物。因该花色泽明黄，花瓣紧密如盆似"盏"，故名金盏花，又因花瓣与菊花相似，也称金盏菊。金盏花常用作民间草药，具有平肝清热、祛风、化痰等功效；金盏花美丽鲜艳，具有较高的观赏价值。

1. 原料

新鲜金盏花。

2. 工艺流程

选料→整理→上盘→烘干→质检→包装贮藏

3. 操作要点

① 选料。金盏花采摘要适时，过早或过晚采摘会对产量和色素造成损失。采摘过晚，花朵完全开放后长时间经过风吹日晒，鲜花会严重失去水分，所以色素会被破坏；过早采摘花朵还未完全开放，花托所占比例较大，必然会影响花瓣的有效产量。待到花朵完全开放后，花瓣完全舒展开，立即采摘，选取色泽艳丽的新鲜花朵。

② 整理。清理干净花料，剔除病虫害朵，剔除人为损伤朵，剔除色泽不好朵，剔除过大或过小朵等。

③ 上盘。将整理好的金盏花均匀摊铺在烘盘里，准备送入烘房。

④ 烘干。烘房温控在80℃，一般烘干时间约为6~7小时（也可采用转筒式烘干加工，温控在100~120℃，特别注意尾气温度必须控制在120℃以下，不然花料容易焦煳）。

⑤ 质检。成品花朵均匀，花瓣完整，饱满厚实，清新自然，色泽透亮，但不如鲜花；无焦煳。

⑥ 包装贮藏。密封保存，置于干燥避光、防异味的地方，冷藏更佳。

第八节　栀子花的干制

栀子 (*Gardenia jasminoides* J. Ellis)，茜草科栀子属灌木植物，在《本草纲目》中，栀子被称为"卮子"，"卮"同"卮"，它的果子像商周时代的青铜酒器"卮"，因此古人就顺势给它叫"栀子"。栀子具有泻火除烦、清热利湿、凉血解毒的作用，可用于制作茶饮饮用，可与面粉和油调匀制作糕点食用。

1. 原料

新鲜大花栀子。

2. 工艺流程

栀子花选择→修剪→浸泡→包埋→干燥

3. 操作要点

① 所选材料为大花栀子，清晨选择盛开的、花枝健壮的栀子花，花大小、茎干粗细程度、成熟度一致。

② 修剪。留枝长 20 厘米，用 20％蔗糖溶液浸泡。

③ 之后将花枝剪至 0.5 厘米，花朵呈开放状态，花朵朝上垂直摆放，花瓣之间用介质填实有利于定型，埋入河沙中。

④ 再放入 60℃恒温箱中，烘干 48 小时。

参考文献

[1] 孙洪友. 鲜花的干制与保存 [J]. 农家科技, 2007 (4): 1.

[2] 邱依亭. 鲜花干制与保存技术 [J]. 农家科技, 2012 (2): 1.

[3] 张甫生, 魏周兴, 庞杰, 等. 微波技术在鲜花干制中的应用 [J]. 干燥技术与设备, 2005, 3 (3): 141-143.

[4] 张丽华. 果蔬干制与鲜切加工 [M]. 郑州: 中原农民出版社, 2016.

[5] 严奉伟, 刘良中, 严泽湘. 蔬菜深加工 247 例 [M]. 北京: 科学技术文献出版社, 2001.

[6] 曾庆孝、李汴生、陈中. 食品加工与保藏原理 [M]. 3 版. 北京: 化学工业出版社, 2015.

[7] 朱珠, 李梦琴. 食品工艺学概论 [M]. 郑州: 郑州大学出版社, 2014.

[8] 刘达玉, 王卫. 食品保藏加工原理与技术 [M]. 北京: 科学出版社, 2014.

[9] 牛国平. 图解实用干货选购加工大全 [M]. 长沙: 湖南科技出版社, 2013.

[10] 张谦, 过利敏. 太阳能干制技术在我国果蔬干制中的应用 [J]. 新疆农业科学, 2011, 48 (12): 2331-2336.

[11] 薛志勇. 影响果蔬干制品质量的主要因素 [J]. 食品与药品, 2005, 7 (2): 52-54.

[12] 胡光华, 张进疆. 脱水芥菜的干燥工艺研究 [J]. 现代农业装备, 2004, 05: 43-45.

[13] 李光河. 牛蒡的贮藏与加工 [J]. 农村科技开发, 2004, 11.

[14] 孙术国. 干制果蔬生产技术 [M]. 北京: 化学工业出版社, 2009.

[15] 于新, 马永全. 果蔬加工技术 [M]. 北京: 中国纺织出版社, 2011.

[16] 韩庆保. 蔬菜脱水干制技能——职业技能短期培训教材 [M]. 北京: 中国劳动社会保障出版社, 2006.

[17] 高新一, 王玉英. 果品优质生产技术 [M]. 北京: 金盾出版社, 2009.

[18] 徐怀德. 花卉食品 [M]. 北京: 中国轻工业出版社, 2000.

[19] 黄凤格, 负嫣茹, 卫世乾. 菊花干制工艺研究 [J]. 南阳师范学院学报, 2012, 11 (6): 41-46.

[20] 康帅飞. 牡丹花干制护色护形研究 [D]. 洛阳: 河南科技大学, 2013.

[21] 杨宪忠, 刘强, 周彦芳. 烘干温度对金盏花叶黄素含量的影响 [J]. 甘肃农业科技, 2009, 1: 15-16.

[22] 兰霞, 盛爱武, 刘琴. 月季干燥花护形护色的研究 [J]. 北方园艺, 2009 (1): 171-174.

[23] 陈莹, 何艾婧, 古丽菲热·伊利哈木, 等. 不同干燥方式对牡丹花外观和成分保留的影响 [J]. 食品工业, 2017, 38 (8): 122-125.

[24] 张天箴, 房淑珍, 何俊萍, 等. 几种草莓加工品制作工艺探讨 [J]. 河北农业大学学报, 1989, 12 (4): 98-103.

[25] 马利华，秦卫东，陈学红，等．不同干燥方式对槐花蛋白加工特性及抗氧化性能的影响 [J]．食品科技，2014，39 (09)：104-107.

[26] 陈明木，庞杰，陈绍军，等．荷花茶制作工艺的研究 [J]．广州食品工业科技，2002，04 (018)：25-27.

[27] 张脯生，庞杰，刘文娟．魔芋精粉在微波干制荷花中应用的研究 [J]．广州食品工业科技，2002，18 (1)：37-38.

[28] 贾淞，董铁有，邓桂扬，等．牡丹花微波-电磁联合干燥工艺研究 [J]．农业化研究，2018，6 (40)：168-172.

[29] 王萍，李建刚，陆健康，等．南疆阿图什市两种干制无花果品质分析 [J]．农产品加工，2015，10 (16)：44-46.

[30] 汪志铮．香焙草莓脯 [J]．福建农业，2012，000 (10)：26.

[31] 袁弟顺，孙云，杨江帆，等．不同烘干温度对茉莉花茶品质的影响 [J]．江西农业大学学报，2004，26 (5)：763-766.

[32] 黄中伟，胡明法．干魔芋片加工技术 [J]．农村实用工程技术，1994 (12)：25.

[33] 陈安均，赵浩然，付云云，等．不同干制方法对川佛手片的影响研究 [J]．食品研究与开发，2019，40 (11)：42-46.

[34] 章斌，侯小桢，饶强，等．微波与真空冷冻组合干燥加工佛手的工艺研究 [J]．安徽农业科学，2011，39 (30)：18739-18741.

[35] 袁利鹏，刘波，黄丽，等．真空冷冻干燥佛手瓜的工艺研究 [J]．安徽农业科学，2019，47 (14)：197-200.

[36] 郭婷，黎文清，叶姗丹，等．热风干燥温度对香芋产品品质的影响 [J]．食品研究与开发，2017，38 (3)：5-8.

[37] 夏晶晖．栀子花脱水干制工艺研究 [J]．西南大学学报（自然科学版），2014，36 (12)：8-11.

[38] 王海鸥，扶庆权，陈守江，等．不同真空冷冻干燥方法对杏鲍菇片干燥特性及品质的影响 [J]．江苏农业学报，2018，34 (4)：904-912.

[39] 夏业鲍，曾海彬，陆宁．胡萝卜真空冷冻干燥工艺的研究 [J]．包装与食品机械，2009，27 (4)：30-31.

[40] 嘉禾．水果干营养吗？四问四答说清楚 [J]．饮食科学，2022，(11)：18-19.

[41] 宫峥嵘，杨豆豆，万瑞斌，等．荠菜干制工艺和即食汤配方的探索 [J]．宁夏师范学院学报，2019，40 (7)：49-53.

[42] 姜延舟，孙宏波，林崇实．香菇真空冷冻干燥工艺的研究 [J]．中国食用菌，1998，17 (1)：39-40.

[43] 沈浦钢．草菇品质规格及加工方法 [J]．中国食用菌，1990 (5)：40-41.